Valentin Riaby
Vladimir Savinov, Pavel Masherov
Valery Yakunin

Diagnóstico completo de uma secção de plasma indutiva de um propulsor iónico

Valentin Riaby
Vladimir Savinov, Pavel Masherov
Valery Yakunin

Diagnóstico completo de uma secção de plasma indutiva de um propulsor iónico

ScienciaScripts

Imprint

Any brand names and product names mentioned in this book are subject to trademark, brand or patent protection and are trademarks or registered trademarks of their respective holders. The use of brand names, product names, common names, trade names, product descriptions etc. even without a particular marking in this work is in no way to be construed to mean that such names may be regarded as unrestricted in respect of trademark and brand protection legislation and could thus be used by anyone.

Cover image: www.ingimage.com

This book is a translation from the original published under ISBN 978-620-2-19738-0.

Publisher:
Sciencia Scripts
is a trademark of
Dodo Books Indian Ocean Ltd. and OmniScriptum S.R.L publishing group

120 High Road, East Finchley, London, N2 9ED, United Kingdom
Str. Armeneasca 28/1, office 1, Chisinau MD-2012, Republic of Moldova, Europe
Managing Directors: Ieva Konstantinova, Victoria Ursu
info@omniscriptum.com

Printed at: see last page
ISBN: 978-620-3-50597-9

Abstrato

O plasma indutivo de baixa pressão de radiofrequência (RF) foi gerado numa secção de descarga de gás de um modelo de propulsor iónico. O seu diagnóstico completo consistiu em técnica integral e local. O diagnóstico integral de uma secção de descarga de gás incluía medições de parâmetros gerais da linha de alimentação da descarga e do dispositivo de descarga RF. O diagnóstico local de plasma determinou distribuições de parâmetros de plasma no espaço de descarga de gás que mostraram a qualidade da concepção da secção de RF e foi utilizado para o desenvolvimento eficaz de um propulsor iónico. O diagnóstico integral foi arranjado utilizando o método patenteado pelos autores que determinou a imagem técnico-física geral da instalação. Foram realizadas medições precisas das sondas utilizando sondas cilíndricas clássicas Langmuir com protecção dos seus cabos contra interferências de RF por escudos convencionais nus e com dimensões das pontas das sondas fornecendo distorções de plasma locais negligenciáveis. A análise especial dos parâmetros de plasma medidos mostrou que estes escudos distorceram o plasma de xénon baixando todos os seus parâmetros, enquanto a disposição dos diagnósticos das sondas na secção de descarga de RF ajudou a determinar a escala dos erros de medição das sondas e a corrigir os dados obtidos. Como resultado do diagnóstico preciso das sondas, três novas aplicações da sonda Langmuir foram propostas no presente trabalho: 1) eliminação da influência do escudo protector da sonda nua nos resultados das medições; 2) medições da espessura da bainha da sonda e da massa média de iões utilizando sondas cilíndricas em plasmas Maxwellian; 3) avaliação da distribuição da densidade de corrente de iões a um eléctrodo extractor de iões de um propulsor de iões arranjado pelo simulador de sonda plana de parede lateral.

Palavras-chave: plasma de descarga de gás, descarga ICP, bobina de antena, núcleo de ferrite, sonda Langmuir, plasma Maxwellian, efeito Bohm, lei Boltzmann, lei "3/2 potência".

Agradecimentos

Os autores desejam expressar a sua sincera gratidão ao Prof. V. Godyak e à sua colega B. Alexandrovich pela sua amizade e ajuda eficaz na organização das presentes experiências.

A parte inicial deste trabalho foi apoiada pelo Subsídio do Governo RF nº 11.G34.31.0022, pelo Subsídio do Presidente RF nº NSh-895.2014.8 e pelo Acordo nº 02.G25.31.0072 e 14.577.21.0101 e a conclusão da sua parte foi apoiada pelo Ministério da Educação e Ciência da Federação Russa, Projecto nº 9.9055.2017/BP.

Tabela de Conteúdos

INTRODUÇÃO

O plasma de radiofrequência (RF) acoplado indutivamente (ICP) gerado numa secção de entrada de descarga de gás de um modelo de propulsor iónico RF (RIT) representa o objecto do presente trabalho. Uma bobina de antena planar reforçada por núcleo de ferrite foi utilizada nesta secção para gerar o propulsor do propulsor - plasma de xenon à pressão $p = 2$ mTorr. O diagnóstico completo do plasma de xenon consistiu em duas partes: a) diagnóstico integral detalhado organizado de acordo com o método patenteado pelo autor e b) diagnóstico local do plasma utilizando medições precisas por sondas Langmuir.

O diagnóstico integral incluiu medições *a priori* dos parâmetros da bobina da antena no espaço livre e dentro da unidade de descarga montada e medições subsequentes das correntes da bobina da antena sem descarga e com descarga ICP na referida secção de descarga de gás. Como resultado, foi obtida a imagem técnico-física detalhada da instalação, incluindo a perda de potência RF em todos os elementos da linha de alimentação da descarga e a eficiência da transferência de potência RF do gerador RF (RFG) para o *pGP de* plasma. Todos estes parâmetros foram determinados com a correspondência exacta da carga RFG. Para a potência RFG incidente Pin< 250 W, a eficiência da secção de descarga foi t/gp^0,88.

Os parâmetros de plasma locais foram medidos pela estação de sonda automatizada mais avançada VGPS-12 que forneceu uma determinação muito precisa dos parâmetros de plasma usando sondas cilíndricas clássicas de dois desenhos e um simulador de sonda plana by-wall. Estas medições determinaram distribuições espaciais dos parâmetros de plasma numa "pastilha" de plasma de 146 mm de diâmetro e 39 mm de espessura que representava meia camada do espaço de descarga de gás localizado em frente da grelha de extracção de iões do propulsor (IEG). O diagnóstico das sondas foi realizado utilizando sondas de dois tipos: a sonda-1 direita movível radialmente que passou pelas posições radiais r ('G60 mm à distância de $z=33$ mm da superfície interna da unidade da bobina da antena e a sonda-2 vertical em forma de L inserida através do fundo da câmara a 30 mm do seu eixo e fornecida com um ombro perpendicular com uma ponta de sonda semelhante; a sonda-2 moveu-se ao longo do eixo da pastilha de plasma e girou-se em torno do seu próprio eixo, fornecendo as medições das sondas na pastilha de plasma. Os comprimentos de ambas as pontas das sondas foram iguais a 10 mm que foram seleccionados na experiência especial que mostrou distorções locais negligenciáveis do plasma causadas pela recombinação do plasma nos seus suportes de sondas de 1,6 mm de diâmetro. Ambas as sondas foram fornecidas com escudos tubulares nus convencionais (1,6 mm de diâmetro externo) protegendo os cabos das sondas contra interferências RF. Após a descrição da concepção da instalação experimental e detalhes da disposição da medição das sondas, foram apresentados os resultados do diagnóstico das sondas. Para sondas de dois tipos, revelaram-se bastante diferentes. A sua análise resultou na conclusão de que os escudos de protecção nua das sondas geravam perturbações da função de distribuição de energia de plasma e electrões (EEDF) e dependiam linearmente do comprimento do escudo da sonda-1. Estas perturbações diminuíram os resultados de diagnóstico da sonda-1 que foram divulgados quantitativamente no ponto especial da pastilha de plasma onde os parâmetros de plasma foram obtidos por ambas as sondas sem escudo da sonda-1 e com escudo bastante longo da sonda-2. Esta peculiaridade ajudou a corrigir os resultados de medição da sonda-1 eliminando ou talvez diminuindo a influência do seu escudo nu. Trabalhos de autores anteriores ajudaram a compreender a natureza física destas distorções de plasma e EEDF sob a forma de fenómeno de sonda dupla de curto-circuito iniciado pelo plasma em torno do escudo da sonda nua.

As medições precisas da sonda estimularam a criação de três novas aplicações da sonda Langmuir no presente trabalho: 1) eliminação da influência do escudo protector da sonda nua nos resultados das medições; 2) medição da espessura da bainha da sonda e da massa média de iões utilizando sondas cilíndricas que operam em plasmas Maxwellian onde o efeito Bohm, a "potência 3/2" e as leis de Boltzmann são válidas; 3) avaliação da distribuição da densidade de corrente de iões em frente de um eléctrodo de extracção de iões de um propulsor de iões utilizando o simulador de sonda de parede plana sob a forma de haste cerâmica radialmente móvel com a sonda plana na sua extremidade onde a superfície cerâmica em volta da sonda simula condições próximas das que se encontram em frente da grelha de extracção de iões (IEG).

Diagnóstico integral de um dispositivo de descarga de gás ICP

I.1 Considerações gerais

O funcionamento mais popular do diagnóstico integral do dispositivo ICP é representado pela medição da eficiência da transferência de potência RF do gerador RF para a descarga de plasma $nGP=Fp/Fin$ onde PP é a potência RF absorvida pelo plasma de descarga ICP e $F\text{-}m$ é a potência RFG incidente. Este parâmetro é determinado com bastante facilidade na correspondência exacta de RFG com a sua carga sob a forma de descarga de ICP quando a potência RF da carga é reduzida a zero. Este estado de descarga é alcançado através do ajuste da rede de correspondência (MN) para baixar a potência RFG reflectida que não necessita de atenção especial no caso do MN automático e leva algum tempo e esforços quando o MN é operado manualmente. Quando a RFG é exactamente igualada com a sua carga, então a potência RF incidente $Pm=Pa/2$ (FG é potência RFG total) e, portanto, a potência RF absorvida pelo FP de plasma atinge o seu limite superior, fornecendo compensação mútua de tensões em todos os elementos reactivos de uma linha de alimentação eléctrica, incluindo cabos, conectores, MN, bobina de antena, e correntes de Foucault em peças metálicas ao seu lado. Neste estado, a linha de alimentação eléctrica torna-se puramente activa obedecendo à lei Ohm e à fórmula escrita acima para nGP em relação à potência RF incidente Fin determina a eficiência máxima de transferência de energia RF que é duas vezes inferior em relação à potência RFG total $FG=2Fin$ que pode ser necessária, por exemplo, para avaliar o consumo geral de energia eléctrica de um aparelho de órbita. A determinação da eficiência de $7JGP$ é obtida por medições das correntes da bobina da antena Io sem descarga e I com descarga em combustão na correspondência exacta da carga RFG (aqui e abaixo do índice "0" denota os parâmetros do sistema montado sem descarga). De acordo com a lei Ohm, na ausência de descarga ICP

$$F1n=l02^\wedge Ld0 \tag{1}$$

onde a corrente da antena $I0$ é medida como um parâmetro raiz-medida e $RLd0$ é a resistência de carga RFG sem descarga igual à resistência de saída RFG RGO sem descarga que na ausência de fugas de potência RF pode ser escrita como a soma $RLd0=Rv+RLn$ (RA é a resistência da antena no espaço livre RAfr somada com resistência equivalente REdeq de correntes de Foucault, RA=RAfr+REdeq, e RI, é a resistência da linha de alimentação de descarga). Quando a descarga de ICP queima

$$P\,m = P\,RLd = I2(RLd0 + Rpeq) = I2\,Rldo + Fp.$$

Aqui $_{RPeq}$ é a resistência de plasma de descarga equivalente de acordo com o modelo de transformador da descarga ICP [1] e $_{FP}$ é a potência RF absorvida pelo plasma de descarga.

Dividindo ambas as partes desta expressão por $_{Pin}$ e tendo (1) em consideração obtemos a fórmula para a eficiência de transferência de potência RF em relação à potência RF incidente

$$nGP = PP/Pin = 1 - (///0)_2 \tag{2}$$

Este parâmetro representa a característica física de um dispositivo ICP, dependendo do nível de equilíbrio de ionização no plasma de descarga e da sua forma técnica, mostrando a eficácia energética geral do aparelho que é determinada pela sua concepção de construção e engenharia de circuitos. Sem o conhecimento deste parâmetro, o diagnóstico local do plasma não tem qualquer base física. É por isso que a necessidade de tais medições foi mencionada em [2]. O significado muito importante da eficiência $n_{<,p}$ tornou a sua medição obrigatória em quase todos os estudos experimentais de aparelhos ICP - ver por exemplo [3].

Um método mais complicado de diagnóstico integral foi proposto em [1], segundo o qual os parâmetros eléctricos da bobina da antena, factor Q Q, indutância L e resistência eléctrica R, juntamente com o nível de propriedades plasmáticas locais, concentração de electrões $_{ne}$ e frequência de colisão electrão-atom *vea*, foram considerados como sendo *um priorado* conhecido. Como resultado, foram derivadas equações descrevendo propriedades gerais do plasma ICP e as correntes medidas, tensões e deslocamentos de fase entre elas para uma bobina de antena cilíndrica com e sem descarga deram todo o conjunto de parâmetros de descarga e sistema ICP.

No presente trabalho foi proposto um método modificado e alargado de diagnóstico do dispositivo ICP integral para parâmetros plasma locais *a priori* desconhecidos, utilizando o factor Q da bobina da antena $Q=oLA/RA$ *(rn=2nf* é a frequência angular do campo RF), indutância $_{LA}$, e a sua resistência activa $_{RA}$ na frequência de condução f em espaço livre e nos espaços montados do dispositivo ICP, tendo em consideração a possibilidade de fugas de energia RF. Este método foi reconhecido pelo Instituto Russo de Patentes como invenção protegida por patente [4] e descrito em pormenor com a análise de dois exemplos práticos em papel [5]. Os principais parâmetros do dispositivo a ser medido foram as correntes da bobina da antena I e $_{Io}$ com e sem descarga, respectivamente, determinadas na correspondência exacta da carga RFG, utilizando um monitor de corrente RF no circuito da bobina da antena próximo do seu ponto de ligação à terra e outro, monitor de corrente RF de controlo instalado na saída RFG. A correspondência exacta da carga RFG resulta na transferência da potência máxima RFG para a descarga ICP, garante uma protecção eficaz do RFG contra os seus danos com um elevado nível de potência reflectida da carga e torna possível determinar a eficiência energética do dispositivo ICP utilizando a fórmula (2).

O método proposto permitiu revelar as formas físico-técnicas das unidades de descarga de gás ICP estudadas, utilizando um conjunto de 29 indicadores de controlo que, seguindo o trabalho clássico [1], se baseavam nos parâmetros eléctricos de *uma* bobina de antena *primitiva* conhecida e, ao contrário deste trabalho, tinham de ser medidos de duas maneiras: no espaço livre, longe das partes propulsoras electricamente condutoras, e no interior do dispositivo ICP montado.

1.2 Medições preliminares dos parâmetros da bobina da antena

Todas as medições do diagnóstico integral proposto foram efectuadas na frequência de condução *f. Os* parâmetros eléctricos da bobina da antena foram medidos utilizando um Q- metro. No espaço livre o factor Q da bobina da antena *QAfr* e a sua indutância L_{Afr} atingiram os seus valores máximos enquanto a sua resistência activa R_{Afr} foi mínima. Num dispositivo ICP montado e na ausência de campo electromagnético RF de descarga da bobina excitou correntes de Foucault nas partes metálicas adjacentes. A sua influência foi encontrada por medições do factor QA QA que determinaram os valores de L_A e R_A nesta posição. Os resultados destas medições caracterizam o projecto de construção do sistema que reduz o *factor Q* devido à resistência equivalente adicional R_{Edeq} de correntes de Foucault, i.e. $R_A = R_{Afr} + R_{Edeq}$, e a redução de L_{Afr} pelo próprio campo magnético das correntes de Foucault, i.e. $L_A = L_{Afr} - L_{Ed}$. Os referidos parâmetros representam um conjunto inicial de indicadores de controlo da concepção: *QAfr=D1*, $L_{Afr}=D2$, $R_{Afr}=D3$, $Q_A=D4$, *AQ.* $_{Afr} = 100\%(Q_{,f} - Q_{,A})Q.$ $_{f=D5}$, $L_A=D6$, *JLAfr=100%*$(L_{Afr}-L_A)$/LAfr=D7, $R_A=D8$, $R_{Edeq=R,}$-RAfr==D9, *ARAfr=100%*$(R_A- R_{Afr})$/RAfr=100%REdeq/RAfr=D 10.

1.3 Medições da corrente da bobina da antena sem descarga

A corrente da bobina da antena é medida utilizando um transformador de corrente de RF. Normalmente é um cinto Rogovsky, ou um monitor de corrente de RF que rodeia um fio onde flui a corrente a ser medida. Este instrumento ligado a um voltímetro de RF ou a um osciloscópio representa o principal sistema de medição para o diagnóstico integral do dispositivo ICP. O método proposto para tais diagnósticos compreende a medição da corrente "pura" da bobina *I1 que* suporta a descarga e a mesma corrente somada com todas as correntes de fugas incontroláveis $_{ILk}$ que poderiam aparecer em quaisquer elementos de uma linha de alimentação de descarga ICP: $I2=I1+ILk$ [4, 5]. Para este efeito, devem ser utilizados dois monitores de corrente como foi mencionado acima: o primeiro e o principal instrumento 1 que regista as correntes "puras" $I1$ ou $I10$ (com ou sem descarga, respectivamente) deve ser instalado num condutor de bobina próximo do ponto de ligação à terra e o segundo, controlar um que mede $I2$ ou $I20$ deve ser fixado numa linha de saída RFG. As fugas de corrente de RF podem aparecer inesperadamente em diferentes elementos da linha de alimentação da descarga ICP, incluindo passagens de vácuo, capacitâncias de desvio da bobina da antena, conectores de cabo, elementos de circuito MN, e assim por diante. Note-se que os canais de alimentação de RF a vácuo são utilizados nos sistemas com unidade de descarga de gás e bobina de antena instalada a vácuo e ligada a um RFG externo. Os detalhes dos indicadores de controlo podem ser diferentes para diferentes tipos MN. Do ponto de vista do diagnóstico integral, parece essencial se o circuito MN evita ou não a RFG.

É por isso que devemos considerar dois exemplos de linhas de alimentação eléctrica com diferentes variantes de engenharia de circuitos MN.

Para começar, consideraremos o caso geral de um dispositivo ICP com possíveis fugas incontroláveis. O seu diagrama esquemático é apresentado na Fig. 1.

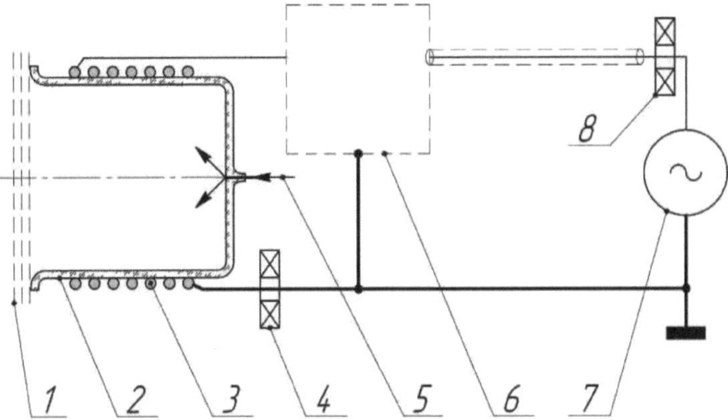

Fig. 1 Diagrama esquemático de um dispositivo ICP
1- IEG, 2- câmara de descarga de gás dieléctrico, 3- bobina de antena, 4- o monitor de corrente principal 1, 5- alimentação de gás formador de plasma, 6- MN, 7- RFG, 8- o monitor de corrente auxiliar

Contém câmara de descarga de gás (GDC) 2 e bobina de antena externa 3 ligada com RFG 7 por uma linha de alimentação eléctrica composta por MN 6, cabos e conectores. O esquema eléctrico deste dispositivo correspondente à correspondência exacta da carga RFG- sem descarga é mostrado na Fig. 2.

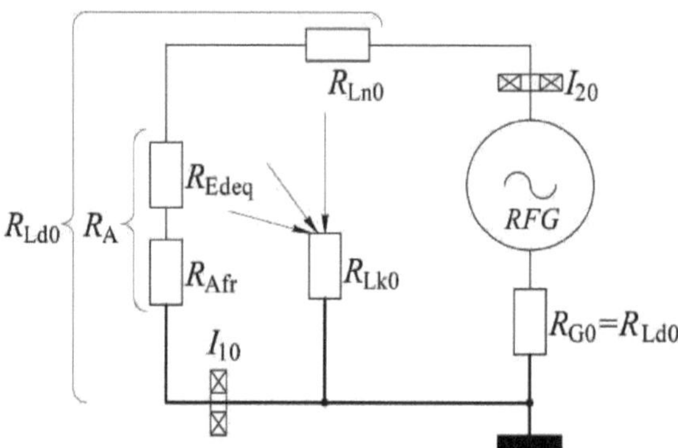

Fig. 2 Circuito eléctrico do dispositivo da Fig. 1 correspondente à correspondência exacta da carga RFG sem descarga

Pode-se ver aqui que sem linha de alimentação eléctrica de descarga deve ter uma resistência mínima, pelo que nesta situação a corrente da bobina deve ser máxima, dependendo do desenho do dispositivo, da engenharia de circuitos, e da sua realização. As setas sobre a resistência à fuga RLk mostram que as fugas podem provir de diferentes elementos da linha de alimentação. Na sua presença, as leituras do monitor de corrente e as suas diferenças podem ser indicadas como indicadores de controlo de desenho **D11=/10**(Fin), **D12=/20**(Fin), e fugas de corrente de RF $/ik0(/'m)$=D 12-D11 podem ser indicadas como a sua diferença relativa **D13==J/Lk0**(Fin)==100%[/20(Fin)- /1o(^1п)]//1o(^1п). Se a potência incidente F-in for dividida por /20(Pin) e $/10$(Fin), obtêm-se as tensões na saída RFG e a sua carga **D14=FG0**(Fin)=FLd0(Fin)=Fin//20(Fin) e a tensão na resistência da bobina da antena $_{RA}$ com alguma parte da resistência da linha de alimentação RLn **D15=kA**'0(Fin)=Fin//10(Fin). Por outro lado, $_{Fin}$ pode ser dividido por /202($F1n$) e $/102$(Fin) dando impedância RFG/ carga completa **D16==FmZ/202**(Fm)==Rg0==Rid0 e impedância de carga refinada **D17=Fin//102**(Fin)=RLd'o. O último parâmetro é superior a $Rid0$ porque quase não depende de fugas de potência RF. Para calcular a resistência da linha de alimentação Rin utilizamos $Rid0$ que é baixada através da manobra de fugas de potência RF: **D18=RLn=RLdo-RA**. O seu nível pode ser determinado de forma bastante definitiva a partir da expressão: FIn=/202RG0=/202RLd0=/102RLd0+FLk0. Denotando o último parâmetro como mais um indicador de controlo de desenho que temos

D19=FLk0(*Fm*)=/202(*Fm*)*RLd0*   -   /102(*Fm*)*RLd0=Fin-*/102(*Fm*)*RLd0=RLd0*[/202(Fin)-/102(*Fm*)] (3)

Finalmente, utilizando RA e *Rid0* podemos avaliar a eficiência da transferência de energia de RFG para a bobina da antena como o indicador de controlo de desenho **D20=^GA0=RA/RLd0** que caracteriza a qualidade geral da linha de alimentação eléctrica.

I.4 Medições da corrente da bobina da antena com descarga ICP

Quando a descarga de ICP é inflamada, ambas as dependências *I1(P-m)* e /2(Pin) podem ser medidas mais uma vez. Assim, se a fuga de energia RF estiver presente, pode ser registada como se tivesse sido feita na divisão anterior. Na nossa prática nunca encontrámos fugas de corrente de RF enquanto a descarga de ICP ardia. É por isso que consideramos *I1=h=/* e representamos o circuito eléctrico do dispositivo ICP que é mostrado na Fig. 3.

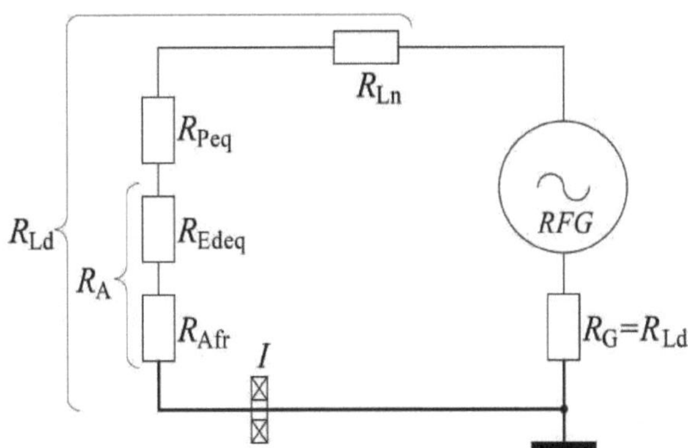

Fig. 3 Circuito eléctrico do dispositivo da Fig. 1 com descarga de combustão exactamente igualada com RFG

Aqui apenas um monitor de corrente é utilizado para medir a corrente da bobina da antena e de acordo com o modelo de transformador de descarga ICP [1] a resistência equivalente de plasma RPeq está incluída neste circuito ligado em série à resistência da bobina da antena ^A=^Afr+^Edeq. Após a ignição da descarga de ICP a algum fluxo fixo de gás e a sua correspondência exacta com RFG medimos a corrente da bobina da antena que é designada como indicador de

11

controlo operacional $O1=/(\text{Pin})$. De acordo com a lei Ohm, determinamos a tensão de carga RFG $O2=FLd(\text{Pin})=Pin//(\text{Pin})$ e a sua resistência de carga $O3=Ru(Pm>Pu(Pm)//(Pin)$. Então a resistência equivalente do plasma de descarga é calculada como $RPeq(\text{Pin})=RLd(\text{Pin})- RA=O4$. Esta resistência adicional no circuito da bobina baixa o seu factor Q que pode ser denotado como $O5=^\wedge P(\text{Pin})=wLA/[RA+RPeq(\text{Pin})]=0A/[1+RPeq(\text{Pin})/RA]$. Além disso, o conhecimento de $RPeq(^\wedge in)$ determina a mudança de eficiência parcial "gerador-antena" que designamos por $O6=^\wedge GA(\text{Pin})=[RA+RPeq(\text{Pin})]/RLd(\text{Pin})$.

Para determinar um parâmetro físico muito importante - eficiência de transferência de potência RF de RFG para descarga, devemos usar a fórmula (2): $^\wedge GP(P; {}_n)=PP(\text{Pin})/Pin=1- [/(\text{Pin})//0(\text{Pin})]^2$. Depende tanto dos parâmetros de concepção $[/0(P; {}_n)]$ como operacionais $[/(\text{Pin})]$. É por isso que o denotamos como um indicador de controlo operacional combinado de concepção $D/O1=^\wedge GP(\text{Pin})$. Sem descarga, as fugas de energia RF podem aparecer num dispositivo ICP, pelo que neste caso temos de calcular $^\wedge GP(\text{Pin})$ usando corrente "pura" da bobina $/10(\text{Pin})$: $D/O1=nGP(\text{Pin})=1-[/(\text{Pin})//10(\text{Pin})]2-$ Tendo determinado este parâmetro, podemos encontrar mais dois indicadores de controlo: eficiência parcial "antena-plasma".

$D/O2=nAP(\text{Pin})=7GP(\text{Pin})/7GA(\text{Pin})$ e potência RF absoluta absorvida pelo plasma de descarga $D/O3=PP(\text{Pin})=7GP(\text{Pin})'\text{Pin}-$ Assim, o número total de tais indicadores no conjunto assim formado atingiu vinte e nove :

A. Indicadores de controlo da concepção :

$D1=£A\&;$ $D2=£AFR;$ $D3=Rf;$ $D4=0a;$ $D5=J2FR=1OO\%(2Afr-2A)/0Afr;$ $D6=£a;$
$D7=J/AFR=100\%(£Afr-LA)/LAfr;$ $D8=Ra;$ $D9=REDEQ=RA-RA-RAFR;$

$D10=JT_{?Afr=100\%}(^\wedge A-^\wedge Afr)/^\wedge Afr=^\wedge Edeq/^\wedge Afr;$ **$D11=/W(P1n)$; $Dl^\wedge h^\wedge n)$;**
$D13=J/Lk0(P1n)=100\%[/20(P1n)-I10(P1n)]/I10(P1n);$
$D14= MPin)= VLd0(Pin)=Pin/l20(Pin)$; $D15= vA'0(Pin)=Pin/I10(Pin)$;
$D16=RG0=RLd0=Pin/l202(\text{Pin});$ $D17=RLd'^0=Pin/I102(\text{Pin});$ $D18=RLn=RLd0-RA;$
$D19=PLk0(\text{Pin})=RLd0[^{/202}(\text{Pin})^{-I102}(\text{Pin})];$ $D20=^\wedge GA0(\text{Pin})=RA/RLd0.$

B. Indicadores de controlo operacional (queimaduras de descarga ICP ao caudal fixo do gás formador de plasma; não há fugas de energia RF)**:**
$O1=I(\text{Pin});$ $O2=VLd(\text{Pin})=Pin/I(\text{Pin});$ $O3=RLd(\text{Pin})=VLd(\text{Pin})/I(\text{Pin});$
$O4=RPeq(\text{Pin})=RLd(\text{Pin})-RA;$ $O 5 QP(\text{Pi}) Q A[1 +^\wedge Peq(\text{Pin})/^\wedge A];$
$O6=nGA(\text{Pin})=[RA+RPeq(\text{Pin})]/RLd(\text{Pin}).$

C. Indicadores de concepção-operacionais: $D/O1=nGP(\text{Pin})=1-[I(\text{Pin})/10(\text{Pin})]^2$;
$D/O2=nAP(\text{Pin})=nGP(\text{Pin})/ nGA(\text{Pin})$; $D/O3=PP(\text{Pin})=nGP(\text{Pin})-Pin.$

Note-se que na presença de fugas de energia RF $D/O1=nGP(\text{Pin})=1-[I(\text{Pin})/I10(\text{Pin})]^2$.

Este conjunto metódico de indicadores de controlo caracteriza o sistema de diversos lados e, para diferentes dispositivos, reflecte provavelmente as suas peculiaridades de diferentes maneiras.

I.5 Exemplos da realização do método proposto
I.5.1 Fonte de iões RF tecnológicos RIM-20

O diagrama esquemático deste dispositivo é apresentado na Fig. 4. Ele representa detalhes definitivos do

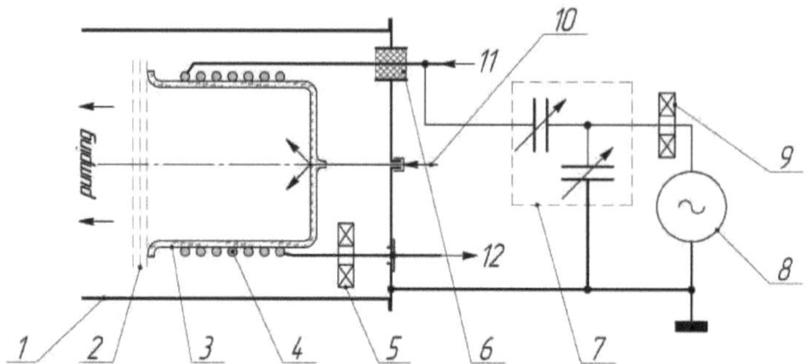

Fig. 4 Diagrama esquemático da fonte de iões RF tecnológicos RIM-20

1- câmara de vácuo, 2- IEG, 3- GDC 210 mm OD e cerca de 200 mm de comprimento, 4- bobina de antena cilíndrica, 5- monitor de corrente de RF principal, 6- alimentação de vácuo, 7MN, 8- RFG, 9- monitor de corrente de controlo, 10- alimentação de gás de trabalho, 11- entrada de água de arrefecimento, 12- saída de água de arrefecimento

diagrama na Fig. 1 enquanto que o seu circuito principal corresponde à Fig. 2. A vista externa desta instalação com parte aberta da sua camisa de vácuo é mostrada na Fig. 5 onde a flange intermédia de vácuo divide a unidade interna com câmara de descarga de gás, bobina da antena, e IEG da caixa MN automática externa.

Fig. 5 A unidade principal da RIM-20, composta pela câmara de descarga de gás, bobina da

antena e IEG no lado interno da flange de vácuo e a caixa MN automática capacitiva no seu lado externo

O seu quartzo, câmara cilíndrica de descarga de gás 3 (Fig. 4) com IEG fixado na ponta de saída (dirigido para cima na Fig. 5), injector de alimentação de gás na parte inferior, e bobina de antena refrigerada a água 4 enrolada à volta da câmara 3 são instalados na câmara de vácuo 1. Um condutor da bobina da antena 4 é ligado à terra dentro da câmara 1 de modo a ficar rodeado pelo monitor de corrente de RF principal 5 (monitor de corrente de fixação de Pearson 411C, pronto para utilização em vácuo, $F< 50\pm1\%$ A, rms) no espaço de vácuo. Outro condutor da bobina da antena 4 foi ligado à alimentação de vácuo - através do 6. O MN 7 automático (Seren ATS10) deste dispositivo contém dois condensadores variáveis (mostrados na Fig.4) com accionamentos eléctricos automáticos e o monitor de corrente RF de controlo 9 (semelhante a 5) é fixado no cabo de saída do RFG 8 (Seren R1001, $y=1,7\text{-}2,1$ MHz e P_{in} até 1 kW). Assim, as figuras 4 e 5 mostram que a linha de alimentação eléctrica deste dispositivo consiste em peças de vácuo e atmosféricas, que resultaram em fugas de potência RF durante o processo do seu diagnóstico integral sem descarga.

A fase inicial do diagnóstico integral do RIM-20 poderia ser iniciada por estudos de apenas bobina de antena montada porque esta instalação tecnológica não poderia ser desmontada devido à sua concepção complexa e à necessidade da sua utilização prática. A sua frequência de condução era próxima de 2 MHz, pelo que todas as medições de diagnóstico foram efectuadas a esta frequência. A bobina de antena do RIM-20 em estado montado tinha os seguintes parâmetros: **D4=Q$_A$=37,5, D6=Z$_A$=12**,4 pHn, **D8=R$_A$=4**,15 Ohm. O nível relativamente baixo de Q_A e a grande resistência R_A demonstram um papel notável das correntes de Foucault que não foi revelado sem medições no espaço livre. A visão geral desta disposição de medição com o RIM-20 é mostrada na Fig. 6.

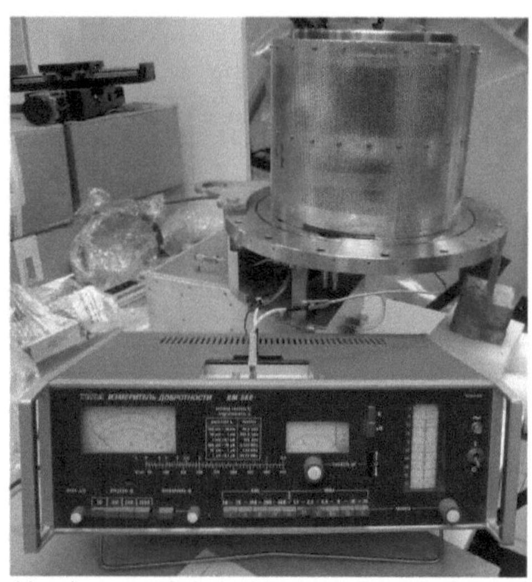

Fig. 6 Medição da bobina da antena do RIM-20 em estado montado usando o medidor Q BM 560

Nas duas fases seguintes, o método proposto de diagnóstico integral foi completamente realizado. Sem corrente da bobina da antena de descarga foi medida variando a potência incidente RFG na gama $_{PH1=10}$)0)^80)0) W. Ambos os indicadores de controlo **D11=71o(*Pm*)**, **D12=/20**($_{Pin}$) variaram na mesma gama 4^ 10,8 A embora no indicador médio **D12 tenha** excedido **D11** um pouco o que é registado pelo indicador de controlo seguinte **D13=1OO%**[/2o($_{Pin}$)-/io($_{Pin}$)]//io($_{Pin}$)< 5%. Mostrou que em $_{Лп\sim400}$ W ЬЈЛп) a dependência excedeu a outra em 4,5%. Esta diferença é bastante pequena mas mesmo assim pode ser considerada como um número bastante notável devido à alta qualidade do monitor de corrente Pearson 411C e do seu instrumento de medição secundário - o oscilógrafo Tektronix TDS 2001C com o erro de cerca de ±1%.

Os referidos resultados são representados por duas curvas superiores na Fig. 7.

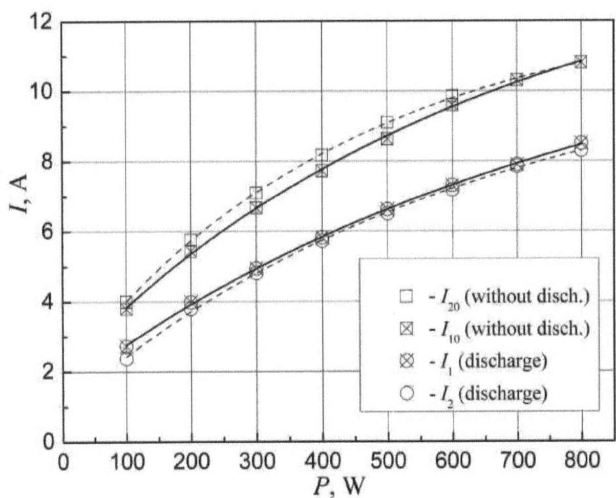

Fig. 7 Correntes da bobina da antena sem descarga (duas curvas superiores) e com ela (curvas inferiores)

Além disso, seguindo o método de diagnóstico integral proposto, foram determinados mais sete indicadores de controlo:

D14=FG0(Pin)=FLd0(Pin)=Pin//20(Pin)^26^74   V,
D15=FA'o(Pin)=Pin//1o(Pin)"25^74 V, **D16=^G0=^Ld0=Pin//202**(Pin)^6.3 Ohm,
D17=RLd'0=Pin/I102(Pin)"6.7 Ohm, resistência da linha de alimentação de descarga
D18 RH, RUl,-Rx'2.15 Ohm, **D19=PLko**(Pin)=RLdo[/2o2(Pin)-*I102*(Pin)]< 44 W,
D2O=7GAo(Pin*)*=RA/RLdo"4.15/6.3=O.66.

A descarga de ICP foi inflamada ao caudal de xenon *q=16* sccm/min~1,6 mg/s. Criou fluxo de plasma a partir da área de saída do dispositivo que podia ser visto através de uma das janelas laterais de monitorização da câmara de vácuo, como é mostrado na Fig. 8.

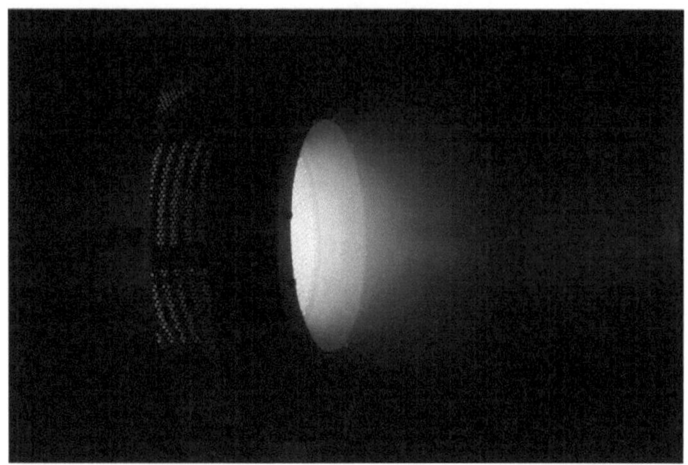

Fig. 8 Feixe de iões de Xénon gerado por fonte de iões tecnológicos RIM-20

Na queima da descarga, ambos os monitores actuais deram as mesmas dependências mostradas na Fig. 7, gráficos inferiores: **O1=/1**(Pin)=/2(Pin)=/(Pin). Este facto significa que na operação de fontes de iões incontroláveis, não houve fugas de corrente de RF. Esta é uma das peculiaridades do RIM-20.

Determinação de indicadores adicionais: RFG-output/ tensão de carga **O2=FG**(Pin)=KLd(Pin)=Pin/I(Pin)=37-74 V;   RFG/ resistência de carga

O3=^G(Pin)=^Ld(Pin)= FLd(Pin)/I(Pin)=13.5^11.1 Ohm; resistência de plasma equivalente **O4=^Peq**(Pin)= ^rd(Pin)-^A=6.8^4.4 Ohm; factor Q da bobina da antena com plasma de descarga no interior **O5=2p**(*Pm*)=^LA/[^A+^Peq(*Pm*)]=14.2-18.4;   eficiência   "RFG-coil" **O6=^GA**(Pin)= [^A+^Peq(Pin)]/^Ld(*Pm*)~0,62 - quase igual ao parâmetro semelhante sem descarga **D20-0**,66 (mostra que para RIM-20 a perda de potência RF na linha de alimentação da descarga foi de cerca de 1/3 da potência RFG incidente). Finalmente, determinamos três indicadores combinados de desenho/operacional a partir da eficiência da transferência de potência "RFG-plasma" D/O1=7Gp(*Pm*)=1-

|/(Pin)//10(Fin)|2=0,6^0,4 que é mostrado em forma gráfica na Fig. 9.

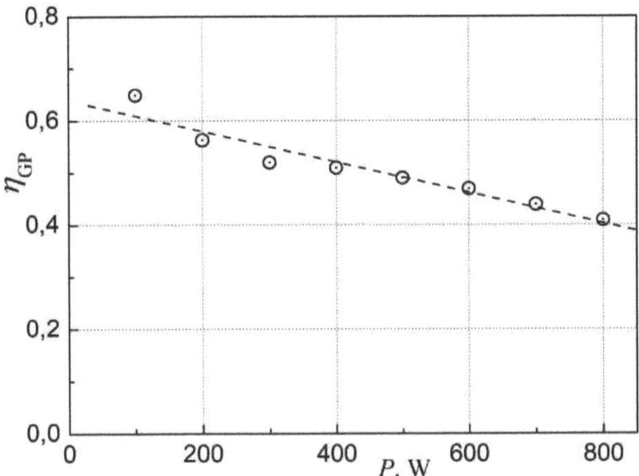

Fig. 9 Eficácia da transferência de potência "RFG-plasma"

Tendo encontrado este parâmetro **D/O1**, podemos determinar a eficiência "antena-plasma" **D/O2**=^GP(^in)/^GA(^in)~0,97^0,65 e valor absoluto da potência RF absorvida pelo plasma $PP(Pin)=nGP(Pin)'Pin=60^{320}$ W. Pode-se ver que a eficiência "RFG-plasma" desta fonte iónica não é muito elevada e desce com o *Pm* em ascensão. Tal carácter de Пот(Pт) contradiz as propriedades habituais dos dispositivos ICP [1] e a razão possível deste comportamento ^GP(Pin) é o elevado nível de perda de corrente de Foucault que pode ser causado pelo desenho do dispositivo mostrado na Fig. 5. Quanto a fugas de energia RF, estas apareceram apenas na linha de alimentação eléctrica sem descarga e o seu nível era bastante baixo.

A eficiência energética da fonte de iões RIM-20 pode ser facilmente demonstrada pela representação gráfica do seu balanço energético que é mostrada na Fig. 10.

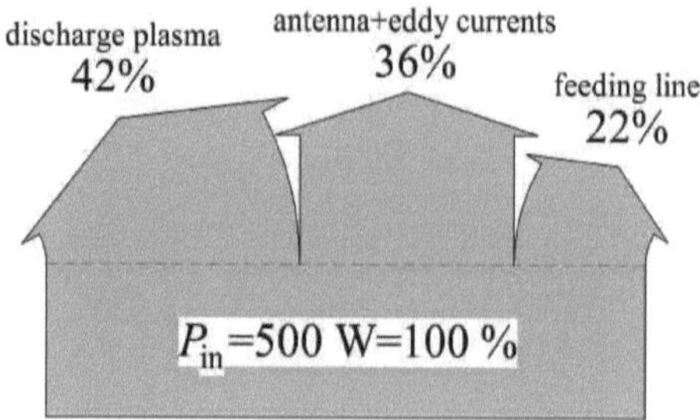

Fig. 10 Balanço de potência de RF da instalação RIM-20 para fluxo de xenon *g-1*,6 mg/s

O diagnóstico integral do RIM-20 determinou a forma técnica desta fonte iónica e delineou as três possibilidades seguintes para aumentar a sua eficiência energética: a) diminuição da maior parte das peças metálicas nas proximidades da bobina da antena; b) optimização da geometria do espaço de descarga de gás; c) optimização da engenharia do circuito MN.

I.5.2 Modelo do propulsor de iões RF (RIT)

As principais características do modelo RIT-10F baseado na unidade de descarga ICP geradora de feixe de iões de 10 cm de diâmetro com bobina de antena planar reforçada por núcleo de ferrite foram derivadas do protótipo descrito no pedido de patente PCT da V.A. Godyak [6] que foi estudado com precisão na experiência [3]. O diagrama esquemático deste modelo é apresentado na Fig. 11.

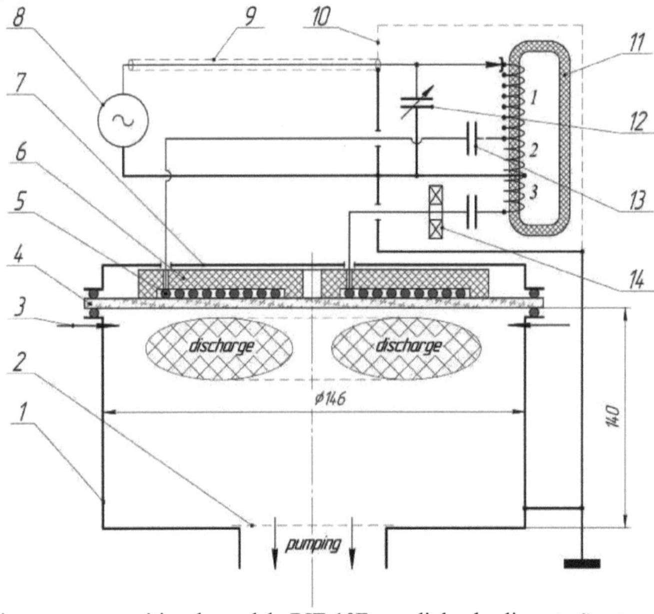

Fig. 11 Diagrama esquemático do modelo RIT-10F com linha de alimentação atmosférica contendo o transformador MN
1- câmara de vácuo metálica 146 mm ID e 140 mm de comprimento, 2- modelagem de malha de resistência ao fluxo de gás do IEG, 3- local de alimentação de xenon, 4- janela de quartzo 5 mm de espessura, 5- bobina de antena plana, 6- núcleo de ferrite, 7- cobertura metálica, 8- RFG, 9- cabo coaxial de Ohm 50, 10- caixa metálica do transformador MN, 11- núcleo do transformador de ferrite, 12- condensador variável, 13- um de condensadores de bloqueio, 14- monitor de corrente de RF

Este dispositivo foi aqui utilizado como um modelo RIT de nova geração devido a várias razões: a) eficiência energética elevada do protótipo proporcionada pela geometria plana da sua bobina de antena melhorada pelo núcleo de ferrite e pela relação de aspecto reduzida do seu espaço de descarga de gás com superfície lateral reduzida que reduziu a perda de partículas carregadas; b) uniformidade elevada da distribuição espacial do plasma na área da sua utilização prática; c) relativa simplicidade do seu desenho de construção que aumentou a fiabilidade do dispositivo; d) corpo metálico da sua câmara de descarga de gás permitindo medições de pressão de plasma, que é um parâmetro de diagnóstico integral muito importante, e diagnósticos de plasma local usando sondas de Langmuir espacialmente móveis. Aqui foi utilizado transformador tipo MN no qual o ponto médio do enrolamento que alimentava a bobina da antena foi ligado à terra para tornar a tensão de descarga simétrica, o que baixou a componente RF do potencial flutuante do plasma e aliviou o diagnóstico da sonda de Langmuir que será mostrado abaixo.

As opiniões gerais sobre esta facilidade e a sua caixa de correspondência são apresentadas nas Figuras 12 e 13, respectivamente.

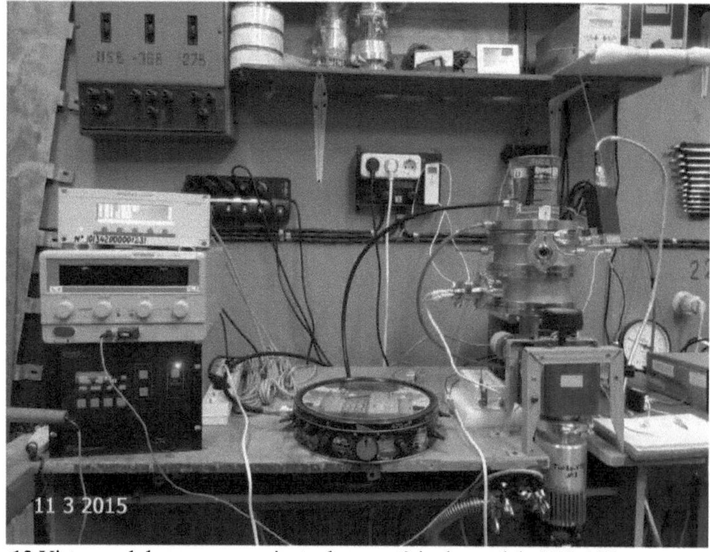

Fig. 12 Vista geral da pequena variante de secretária do modelo RIT-10F

Fig. 13 Rede correspondente do tipo transformador operada manualmente do RIT-10F

O circuito eléctrico deste modelo RIT, na ausência de descarga ICP no momento da carga RFG, é mostrado na Fig. 14.

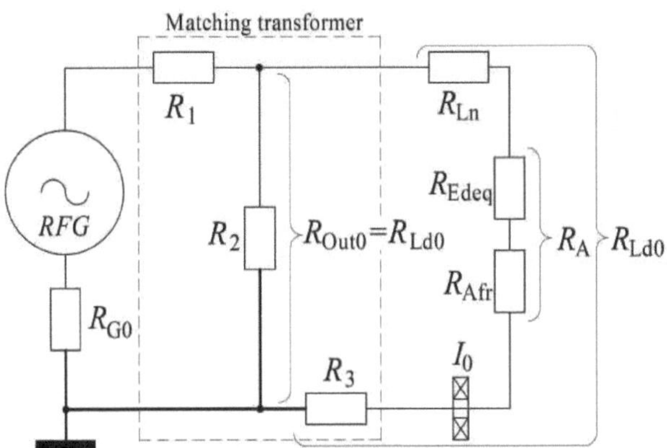

Fig. 14 Circuito eléctrico do dispositivo da Fig. 10 para a correspondência exacta da carga RFG sem descarga (aqui *R1,* e *R2=R3* são resistências activas de secções de transformadores correspondentes mostradas na Fig. 10)

Todos os elementos da linha de alimentação eléctrica desta instalação estavam localizados na atmosfera. Em tal situação, as fugas de energia RF podem ser causadas por alguns defeitos nos detalhes da linha de alimentação. Mas como de facto neste sistema não houve defeitos de acordo com as leituras do monitor principal e de controlo da corrente de RF (mostradas na figura.

10) tendo em consideração o coeficiente de desvalorização do transformador correspondente. É por isso que nestas experiências apenas foi utilizado um monitor de corrente principal mostrado na Fig. 14.

De acordo com a nossa proposta, o diagnóstico integral do modelo RIT-10F deve ser iniciado, eliminando no espaço livre a bobina da antena juntamente com o núcleo de ferrite. Mas a disposição da experiência com o modelo RIT-10F permitiu estudos preliminares dos parâmetros da bobina da antena sem núcleo de ferrite que poderiam limpar a influência do núcleo ferromagnético na forma quantitativa. Estas medições foram efectuadas utilizando o TESLA BM 560 Q-metro, tal como é mostrado na Fig. 15.

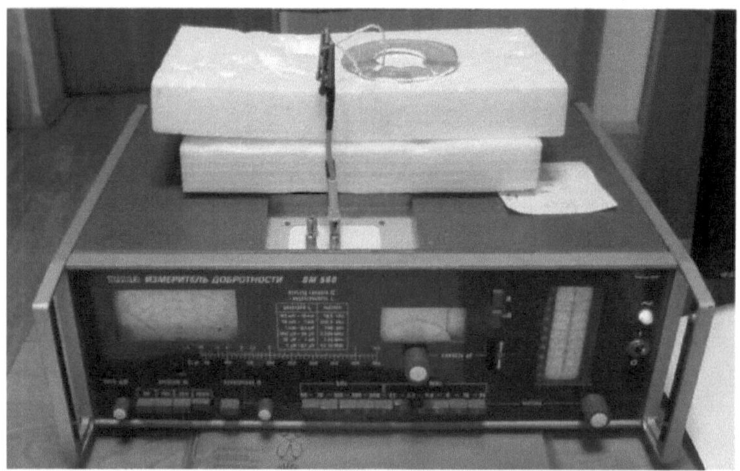

Fig. 15 Disposição de medições de parâmetros de bobina pura no espaço livre

A bobina disposta sobre o medidor Q tinha a forma de uma espiral plana de 13 voltas feita de fio de cobre, revestida a prata com 1,5 mm de diâmetro, enquanto que as dimensões da espiral eram de 105 mm como diâmetro externo e 45 mm como diâmetro interno. Os seus parâmetros foram medidos na frequência de condução $/=2$ MHz:: **D1*=QAfi=246, D2*=LAfr=14,5** ptHn, e **D3*=^Afr=0,**74 Ohm. Depois, a bobina da antena foi fixada no núcleo da ferrite (constante magnética relativa até 150 e ponto Curie até 400°C) e os seus parâmetros eléctricos foram medidos de forma semelhante - ver fig. 16.

Fig. 16 Disposição das medidas dos parâmetros da unidade de bobina/ferrita no espaço livre

Assim, os indicadores de controlo obtidos do modelo RIT-10F mudaram bastante sensivelmente: **D1=2Afr=253, D2=lAfr=27**,6 gHn, e **D3=^Afr=1**,37 Ohm. Nesta situação, tanto a indutância da unidade de bobina como a resistência activa aumentaram quase duas vezes com um ligeiro aumento do seu factor Q (em ~3%). Este resultado demonstra uma razão quantitativa para uma melhoria bem conhecida das propriedades do sistema ICP causada por um núcleo de ferrite que concentra o campo electromagnético RF no espaço de descarga, aumenta a indução mútua de coilplasma e diminui a perda de potência RF na unidade da bobina.

Depois disso, a unidade da bobina da antena foi instalada no modelo RIT-10F e os seus parâmetros foram determinados utilizando o mesmo medidor Q que é mostrado na figura 17.

Fig. 17 Disposição das medições dos parâmetros da bobina instalada no modelo RIT-10F

Estas medições deram os seguintes resultados: **D4=Q$_A$=157, D5=AQfX=** 100%($QXtr$-Qa) $Qxtr38\%$, **D6=L$_A$=25,7 gHn, D7=JLAfr=** 1 00%(LAT-L $_A$) L $_{AH}$- 6,9%,   **D8=R$_A$=1.92**OHM,   D9=REdeq=RA-RAfr=0. 55Ohm,

D10=JRAfr=100%($_{RA\text{-}RAfr}$)/RAfr~40%. Quando RFG foi ligada a corrente da bobina da antena RF T_0($_{Pin}$)=D11 foi medida na potência RFG incidente variando no intervalo $_{Pin=30^{250}}$ W - ver gráfico superior na Fig. 18.

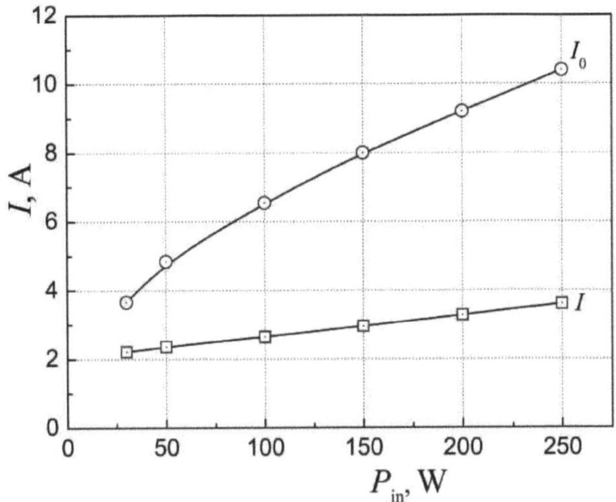

Fig. 18 Corrente da bobina da antena sem descarga *Io* e com descarga em xénon *I*

Devido à ausência de fugas de corrente de RF neste dispositivo, os indicadores de controlo **D12, D13, D15, D17** e **D19** não foram determinados enquanto **D14=FGc**($_{Pin}$)=FLd0($_{Pin}$)=Pin/10($_{Pin}$) variaram na gama **D** 14=8.4+24 V, **D16=RG0=RLd0=Pin/102**($_{Pin}$)=VG0/10($_{Pin}$) era quase constante **D** 16-2,3 Ohm e resistência da linha de alimentação eléctrica **D18=RLn=RLd0-RA=2,3-**1,92=0,38 Ohm. Portanto, uma linha de valores de resistência activa $_{RAfr}$, $_{REdeq}$, e *RLn* que correspondia ao balanço de energia RF para a bobina da antena, correntes parasitas e linha de alimentação acabou por ser 1,37, 0,55, e 0,38 Ohm. Estes números permitem determinar a eficiência da transferência de energia RF de RFG para a bobina da antena ^GA0=RA/RLd0=1,92/2,3-0,83 que mostra a boa qualidade da linha de alimentação da antena.

O diagnóstico integral do modelo RIT-10F foi continuado com a descarga de ICP em combustão que foi inflamada à frequência de condução *f=2* MHz em xénon introduzido na câmara de descarga de gás ao caudal *q=2* sccm *(g-0,2* mg/s) que criou pressão de plasma dinâmica *p=2-10-3* Torr. O referido caudal de xénon foi medido pelo controlador MKS 247D/2178B. A aparência desta descarga é mostrada na foto da Fig. 19 onde a radiação de plasma pode ser vista na janela de monitorização (parte inferior da foto) e na superfície lateral da janela de quartzo que separa a bobina da antena e o plasma (posição superior da foto).

Fig. 19 Descarga de ICP xenon queimado no modelo RIT-10F em *PG=150* W

Nesta fase de diagnóstico no circuito eléctrico do dispositivo, apenas a resistência de plasma equivalente *Rpeq* apareceu ligada em série à bobina da antena, em comparação com a Fig. 14. O diagrama do circuito da instalação com descarga ICP na sua correspondência exacta com RFG é mostrado na Fig. 20.

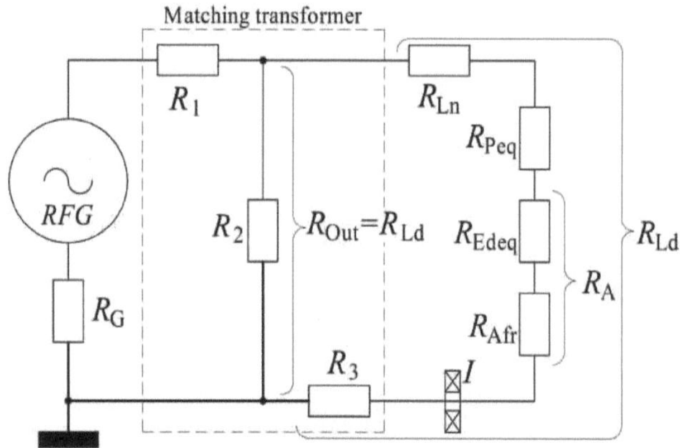

Fig. 20 Circuito eléctrico do modelo RIT-10F com descarga ICP em combustão

O aumento da resistência do circuito da bobina da antena durante a descarga baixou a sua corrente RF **O1=/(Pin)** que foi medida no mesmo incidente Potências RF fornecidas à bobina da antena sem descarga - ver gráfico inferior na Fig. 18. Uma vez obtidos estes dados, podemos determinar vários indicadores de controlo operacional: **O2=KLd($^{\wedge}$in)$^{=Kout}$(Pin)=$^{\wedge}$in///($^{\wedge}$in)** que variavam na gama 02=13,6$^{\wedge}$69,4 V, **O3=RLd(Pin)=KLd(Pin)//(Pin)=6,1-19,3** Ohm, resistência equivalente a plasma $O4={}^{\wedge}Peq(Pin)={}^{\wedge}Ld(Pin)-{}^{\wedge}A=3.9^{\wedge}17$ Ohm, $O5=2p(Pin)=2A/[1+Rpeq(Pin)/RA]^{\wedge}52^{\wedge}16$, and $O6={}^{\wedge}GA(Pin)=[RA+RPeq(Pin)]/RLd(Pin)=0.95\text{-}0.98$. Depois disso, podemos calcular os restantes três indicadores combinados de concepção/controlo operacional **D/O**: $D/O1={}^{\wedge}GP(Pin)=1-[/(Pin)//0(Pin)]2=0.63^{\wedge}0.88$, $D/O2=nAP(Pin)=7GP(Pin)/7GA(Pin)=0.66^{\wedge}0.9$, and

D/O3=PP(Pin)**=nGP**(Pin)$'$Pin$\sim 19^{\wedge}220$ W. Devido à necessidade prática e indicadores de importância **D/O1** e **D/O3** são apresentados graficamente nas Figuras 21 e 22.

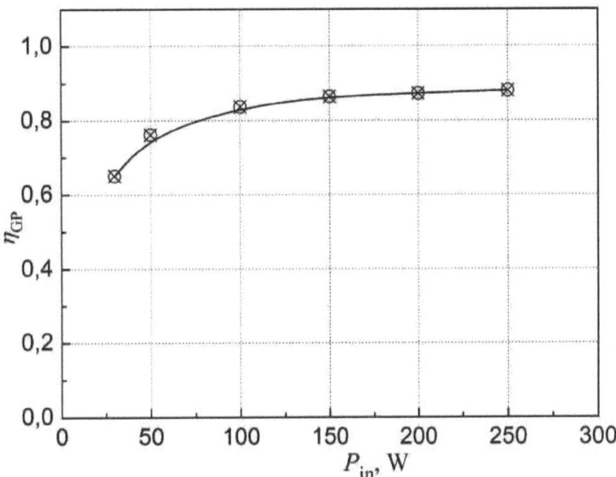

Fig. 21 Eficiência da transferência de potência RF vs. potência RFG incidente para pressão de plasma xenon *p=2-10-3* Torr

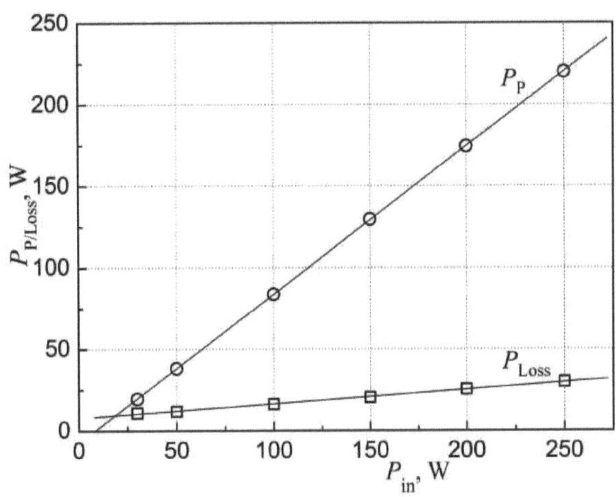

Fig. 22 Potência RF absorvida pelo plasma de xenon e perda total de potência RF vs. potência RFG incidente para o modelo RIT-10F à pressão de plasma *p=2-10-3* Torr

A eficiência da transferência de potência RF medida e os dados obtidos nas fases iniciais do diagnóstico integral RIT-10F foram utilizados para mostrar em forma gráfica o seu balanço de potência RF para a potência RFG incidente Pin=150 W apresentado na Fig. 23.

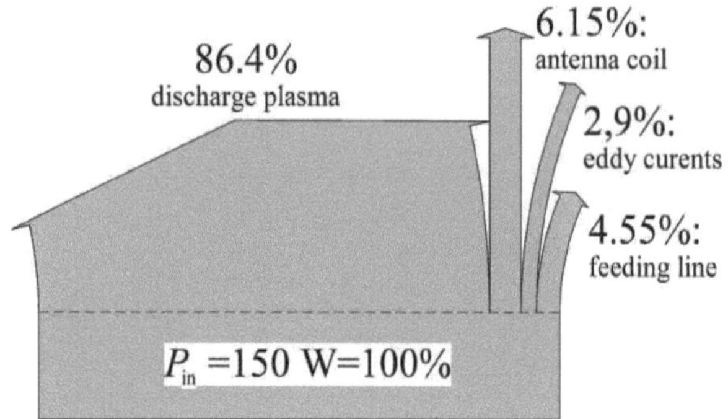

Fig. 23 Balanço de potência RF do modelo RIT-10F para pressão de plasma xenon *p=2-10-3* Torr e potência RFG incidente Pin=150 W

Comparando-o com a Fig. 10, pode-se ver que a eficiência energética do modelo RIT-10F é muito superior. As razões evidentes para esta situação são a geometria planar da bobina da antena que proporciona uma relação de aspecto mais baixa do seu espaço de descarga de gás com superfície lateral reduzida que corta a perda de partículas carregadas e a utilização do núcleo de ferrite para a bobina da antena que eleva a eficiência da transferência de energia RF.

Para além de todos os momentos positivos do diagnóstico integral do dispositivo ICP, foi obtido mais um resultado útil medindo a resistência de descarga de plasma *Rpeq* equivalente a diferentes pressões 2 e 4 mTorr. As dependências deste parâmetro para dois níveis de pressão sobre a potência RF absorvida pelo plasma que variou na gama PP=38^183 W são mostradas na Fig. 24.

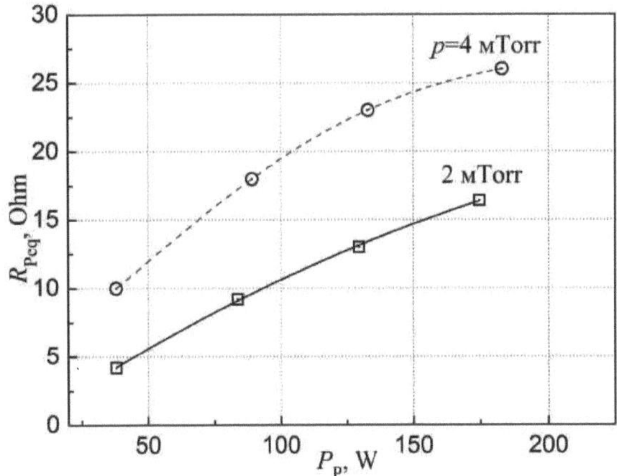

Fig. 24 Resistência equivalente do plasma de xenon para descarga de ICP a pressões *p=2* e 4 mTorr vs. potência RF absorvida pelo plasma de descarga

Mostra que o aumento da pressão de plasma de xenon de 2 para 4 mTorr resultou no aumento da resistência de plasma quase por duas vezes. Este facto significa que a condutividade do plasma de xénon diminui com o aumento da pressão. É bem conhecido que tal carácter do comportamento isobar de condutividade é característico para temperaturas que se encontram na área à esquerda da zona de temperatura onde se cruzam onde o grau de ionização de plasma *a=ne/na* não é superior a 1%. Tal peculiaridade qualitativa da condutividade do plasma xenon é demonstrada pelos resultados de cálculo obtidos por R.S. Devoto para isobares de condutividade a pressões *p=7,6, 76,* e *760 Torr*

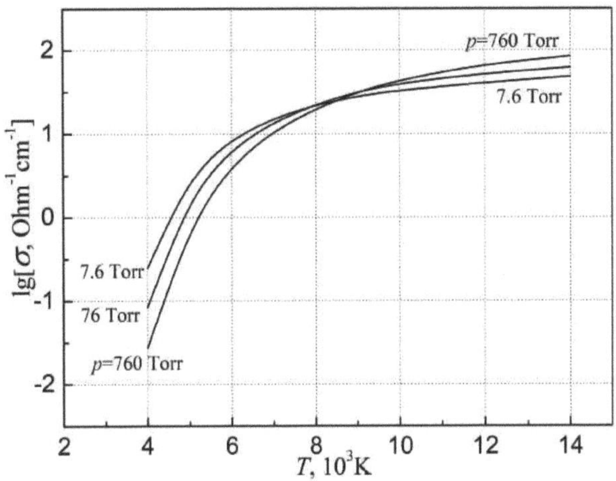

[7] que são apresentados na Fig. 25.

Fig. 25 Dependências de temperatura de isobares de condutividade eléctrica de xenon calculadas por R. S.Devoto [7] para pressões $p=7.6\char94760$ Torr

Esta informação adicional do diagnóstico integral do dispositivo ICP que permitiu a avaliação qualitativa do grau de ionização do plasma xenon pode ser mais útil para uma análise abrangente das propriedades do plasma com base em dados diagnósticos locais.

Em conclusão, podemos afirmar que diferentes indicadores de controlo que representam a essência do diagnóstico integral proposto podem reagir de forma diferente às peculiaridades dos dispositivos ICP que compreendem as suas formas técnicas. A realização deste método de diagnóstico ajuda a encontrar formas de aumentar a eficiência energética dos dispositivos e a preparar uma base físico-técnica bem fundamentada para a análise dos resultados do diagnóstico local do plasma.

Note-se que a protecção por patente deste método de diagnóstico integral significa que ele excedeu o nível técnico mundial.

Diagnóstico local do dispositivo de descarga de gás ICP

II.1 Descrição do dispositivo experimental de descarga de gás ICP que representa a secção geradora de plasma de um modelo RIT.

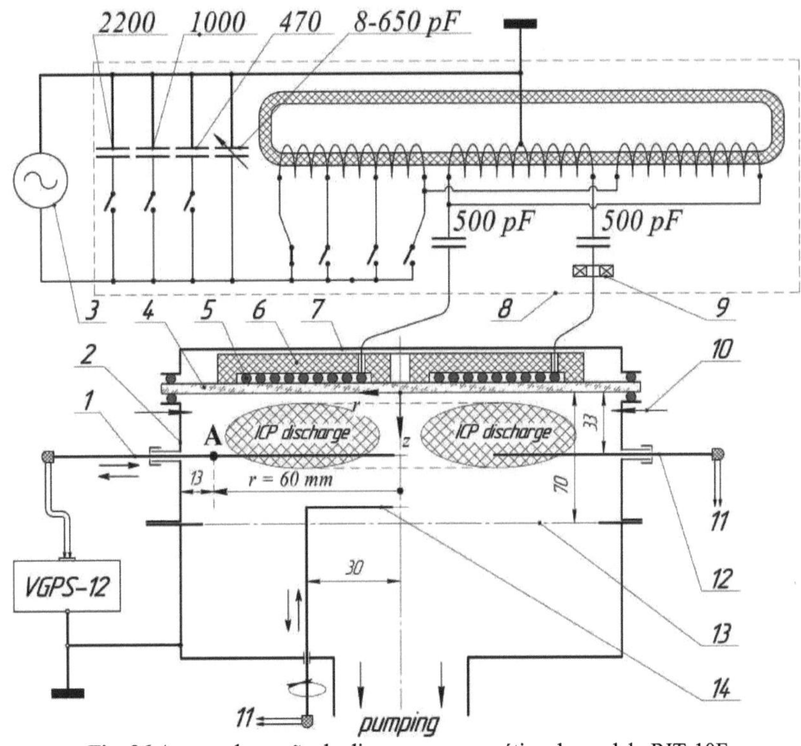

Fig. 26 A segunda versão do diagrama esquemático do modelo RIT-10F

1- sonda cilíndrica reta radialmente móvel-1, 2- secção de descarga de gás da câmara de vácuo, 3- RFG, janela de quartzo de 4- 5 mm de espessura, 5- bobina de antena, 6- núcleo de ferrite, 7- cobertura metálica, 8- caixa MN, 9- monitor de corrente RF, 10- local de alimentação de xenon, 11- para estação de sonda VGPS-12, 12- simulador de sonda de parede plana, 13- local IEG, 14- sonda cilíndrica em forma de L-2; A- posição especial com comprimento zero da sonda-1 's shield (shield-1) onde a sonda-2 pode aparecer com shield-2 longo

Mostra meios reais para correspondência de carga RFG e para diagnósticos locais de plasma usando sondas cilíndricas rectas 1 e planas 12 Langmuir para estudar as propriedades do plasma na secção transversal média do espaço de descarga de gás e a sonda Langmuir em forma de L - 2 (14) para estudar a distribuição de parâmetros de plasma longitudinal entre as sondas rectas e a localização IEG 13. A última esteve ausente nas presentes experiências realizadas à frequência de condução $f=2$ MHz e à pressão de plasma $p=2 \cdot 10^3$ Torr fornecida pela malha na manga de bombeamento da câmara (ver abaixo) ao caudal de xenon

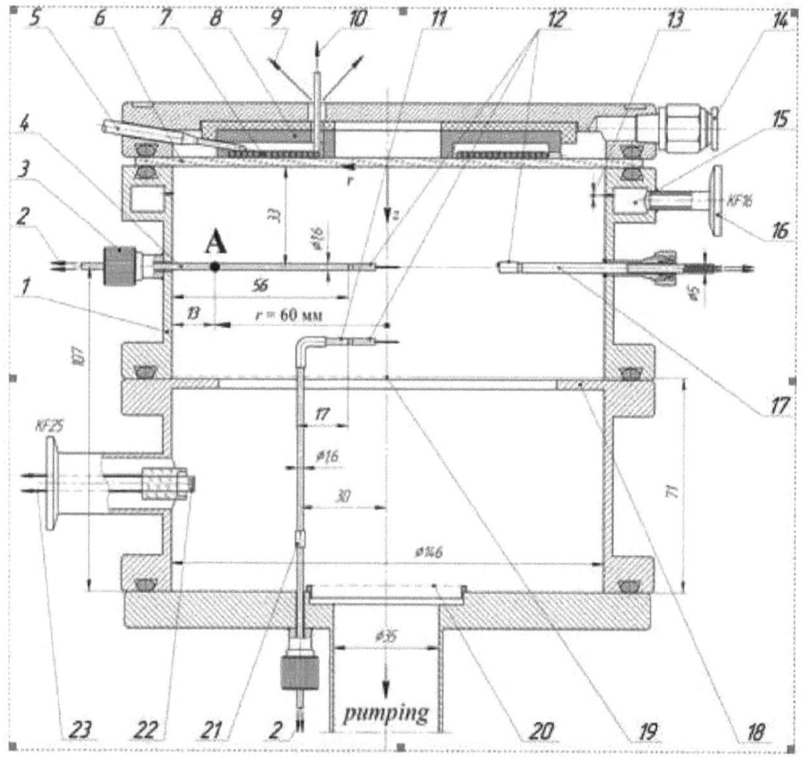

Fig. 27 O esboço da variante atmosférica de secretária do modelo RIT-10F

$q=2$ sccm. As medições das sondas foram organizadas utilizando o Sistema de Sonda VGPS-12 criado ideologicamente pelo Prof. V.A. Godyak [2, 8] que resumiu nesta estação a sua experiência de ~50 anos, enquanto que tecnicamente foi fabricado na sua empresa privada Sensores de Plasma [9] juntamente com a sua colega B. Alexandrovich, a principal especialista em electrónica. Estes testes foram realizados nas pequenas instalações de mesa devido à sua comodidade prática, incluindo o bombeamento fácil e rápido da câmara, o controlo manual do deslocamento da sonda radial e a possibilidade de utilizar a sonda-2 em forma de L que foi inserida na câmara de descarga de gás através do seu fundo. Todas as sondas foram protegidas contra interferências RF por escudos convencionais nus e a sonda cilíndrica-1 e a sonda-2 foram instaladas de modo a terem uma posição especial comum A onde o comprimento da shield-1 era zero enquanto o comprimento da shield-2 era bastante longo. As suas dimensões reais podem ser vistas no esboço do modelo RIT-10F apresentado na Fig. 27.

1- secção de descarga de gás da câmara de vácuo, 2- à estação de sonda VGPS-12, 3- conector móvel de passagem de vácuo UltraTorr, 4- sonda cilíndrica recta radialmente móvel-1, 5- manómetro sensível à temperatura, 6- janela de quartzo de 6- 5 mm de espessura, 7- bobina da antena, 8- núcleo de ferrite da bobina, 9- saída de fluxo de ar de refrigeração, 10- a MN, 11- sonda cilíndrica em forma de L-2, 12- sondas de referência, 13- 8 furos igualmente espaçados 0.4 mm de diâmetro para alimentar xenon, 14- conector "um toque" para fluxo de ar de arrefecimento, 15- colector de gás de xenon anular, 16- conector de entrada de xenon, 17- simulador de sonda de parede plana, 17- sonda cilíndrica em forma de L-2, 18- ombro para fixação de IEG, 19- posição mais baixa da sonda-2 em forma de L, 20- malha simulando a resistência dinâmica do gás IEG, 21- manga metálica ligando duas partes do escudo da sonda-2, 22- filamento de tungsténio de uma lâmpada de halogéneo descoberta, 23- a um transformador electrónico alimentando a lâmpada de halogéneo; A- posição especial com comprimento zero do escudo da sonda-1 (shield- 1), onde a sonda-2 pode aparecer com escudo-2 longo

A sonda-1 podia mover-se no intervalo de posições radiais $r = 0\text{-}60$ mm incluindo o ponto "especial" A a $r = 60$ mm onde o seu escudo-1 era zero enquanto a sonda-2 podia aparecer aqui com um escudo-2 bastante longo (~ 124 mm que pode ser visto na Fig. 27). O significado interessante e rico desta posição será descrito abaixo.

Este modelo foi concebido em conjunto com o Prof. V. A. Godyak que organizou a sua fabricação na cidade de Boston, EUA, e nos apresentou numerosas partes deste sistema. Aqui são mostradas as suas principais unidades e dimensões: 1) sonda cilíndrica cilíndrica reta 4 e plana 17 inserida na câmara de vácuo à distância de 33 mm da superfície interna da janela de quartzo e sonda cilíndrica 11 em forma de L que podia registar distribuições de parâmetros de plasma radiais e longitudinais; 2) disposição da bobina da antena e do núcleo de ferrite arrefecimento do ar através do conector "one touch" 14 com o controlo da temperatura da bobina fornecido pelo manómetro 5 sensível à temperatura; 3) filamento da lâmpada halógena 22 que, sendo alimentada pelo transformador electrónico, emitia electrões e facilmente inflamável descarga ICP quando o RFG foi ligado à potência RF incidente cerca de 20-50 W, correspondendo exactamente à unidade da bobina da antena (à potência RF reflectida $P_{rf=0}$) e a tensão DC negativa $V--100$ V relativa ao potencial de terra foi fornecida ao filamento 22; 4) o xénon foi fornecido de forma uniforme no interior da câmara 1 a 8, igualmente espaçado 0.4 buracos de 4 mm ligando a câmara de descarga de gás com o colector de gás anular 15 de cerca de 90 mm2 em secção transversal radial localizado ao lado da unidade de bobina da antena 7, 8; 5) o seu diâmetro do espaço de descarga de gás era de 146 mm com a altura de 70 mm resultando numa relação de aspecto 70/146-0,48 que significa perda de partículas de baixa carga na superfície interna da câmara 1. Note-se que na potência incidente RFG $PG=200$ W com corrente da bobina $2=3,28$ A durante 10 minutos de medição da temperatura da bobina da sonda à pressão atmosférica não excedeu 60°C. Tal aquecimento da bobina parecia bastante aceitável para as suas voltas e núcleo de ferrite.

O volume total da câmara de vácuo foi de 1,9 l. A sua metade superior 1 foi utilizada como unidade de descarga de gás. A câmara inferior foi fornecida pelo ombro 18 no qual o IEG teve de ser fixado nas próximas experiências com feixe de iões. As ranhuras de vedação com secções radiais em forma de cauda de andorinha usadas em ambas as secções da câmara e na cobertura da bobina foram preenchidas com cordão de vitona monolítico de 5,34 mm de diâmetro que se apertou durante a bombagem nos limites da deformação elástica, o que proporcionou uma alta qualidade de vedação em uso múltiplo. O bombeamento em câmara de vácuo foi arranjado com dois aparelhos menos óleo: bomba turbo-molecular Varian V-70 (68 l/s velocidade de bombeamento de azoto com vácuo máximo 8-10-10 Torr) e bomba mecânica Anest Iwata scroll ISP-90 (90 l/min velocidade de bombeamento com vácuo máximo 3,8-10-2 Torr). Este equipamento forneceu vácuo máximo $p=(1,2^1,5)-10-6$ Torr na presente experiência.

II.2 Disposição do diagnóstico de plasma da sonda na unidade de descarga de gás ICP.

Aqui as medições das sondas foram realizadas utilizando o Sistema de Sonda VGPS-12 da Plasma Sensors Co. [9], que forneceu diagnósticos precisos de quaisquer plasmas, incluindo plasmas de descarga RF de diferentes tipos, e apresentou as realizações mais avançadas em física experimental [8]. O seu sistema de controlo baseado no programa LabView utiliza o método Druyvesteyn, de acordo com o qual as características de volt-ampere (VACs) das sondas de alta suavidade e elevada precisão são expostas a dupla diferenciação. Os seus derivados de segunda ordem são proporcionais às funções de probabilidade de energia electrónica (EEPF EEDF/E1 ^{2} onde E é energia electrónica) que representam os parâmetros iniciais de medição da estação VGPS-12 que não requerem *qualquer* hipótese *primitiva* relativamente às suas formas. Esta característica é considerada como uma vantagem importante do método de diagnóstico de Druyvesteyn.

A disposição geral do diagnóstico da sonda utilizando o circuito de condução da sonda semelhante à estação VGPS e o algoritmo do seu programa de controlo são descritos em [8]. Estas medições são efectuadas em modo de processamento em tempo real através do registo rápido de 1000 VACs de sondas, a sua filtragem adaptativa, o cálculo da média, e a dupla diferenciação dos VACs médios das sondas assim obtidos. Neste instrumento são aplicados os métodos mais eficazes de protecção dos resultados das medições contra as distorções RF VAC e a contaminação das superfícies de recolha das sondas. Em particular, o ruído de tensão RF através da bainha da sonda de carga espacial e queda de tensão na secção do circuito da sonda "sonda-VGPS" são suprimidos por sondas de referência de grandes superfícies colectoras fixadas perto das pontas das sondas de medição. O diagrama esquemático deste expediente muito importante é mostrado na Fig. 28.

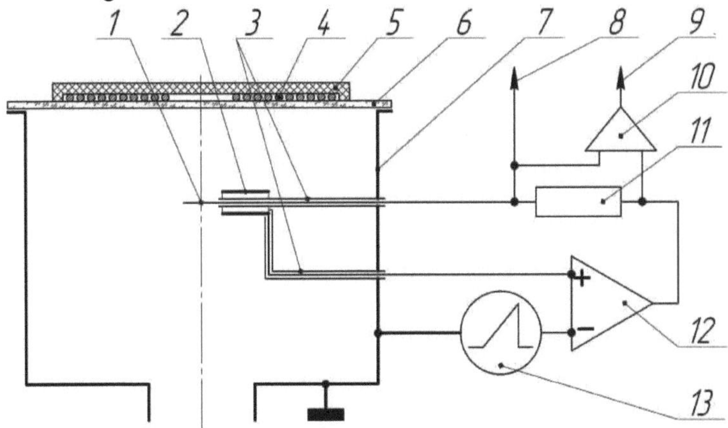

Fig. 28 Diagrama principal de um circuito de sonda com sonda de referência fixada perto da ponta de medição da sonda

1 - sonda cilíndrica, 2 - sonda de referência, 3 - blindagem nua canalizada (no presente trabalho é utilizada uma blindagem comum de tubo), 4 - bobina de

antena, 5 - núcleo de ferrite, 6 - janela de quartzo, 7 - câmara de vácuo, 8 - sinal de tensão da sonda, 9 - sinal de corrente da sonda, 10 - amplificador diferencial de corrente da sonda, 11 - resistência de medição de corrente da sonda, 12 - amplificador operacional para tensão de condução da sonda, 13 - fonte de impulsos de tensão linear de dentes de serra a funcionar na frequência $f=1$ kHz

A utilização prática desta engenharia de circuitos mostrou que compensava de forma bastante eficaz a tensão dispersa na sua secção "sonda-VGPS", suprimia o ruído de baixa frequência do potencial do espaço plasma e o seu amplificador 12 actuava como um eléctrodo de manobra para compensação da tensão RF [2, 8]. Quanto à superfície colectora da sonda, é limpa por bombardeamento de iões e por aquecimento de corrente RF até ao nível de temperatura controlada. No recente modelo VGPS denominado como Analisador de Sonda de Plasma Multifuncional (MFPA), este serviço é organizado utilizando impulsos de alta tensão [9]. Note-se que a estação de sonda VGPS regista a corrente total da sonda sem ter em conta a componente iónica VAC, porque normalmente a sua contribuição é negligenciavelmente pequena. Como resultado, os EEDFs são registados pela estação VGPS com gama de medição dinâmica até 60 dB, o que proporciona uma alta qualidade deste diagnóstico. De acordo com o método Druyvesteyn, a sua posterior integração resulta em temperatura de electrões Te e concentração ns. A análise da objectividade do diagnóstico desta sonda, a avaliação dos "métodos de processamento VAC" utilizados na estação de sonda VGPS- 12 e a comparação com resultados de diagnósticos semelhantes mostraram que esta estação de sonda determina a temperatura dos electrões Te e concentração de electrões ne com uma margem de erro de cerca de ±10% e com margens de erro muito mais baixas para o potencial de flutuação de plasma Vf potencial de espaço de plasma Vs, e jes de densidade de corrente de saturação de electrões [10].

O processo de medição da estação de sonda VGPS-12 começa a partir do registo periódico preliminar dos VACs das sondas apresentados no monitor do computador. O seu ponto inicial e a gama completa de pulso de tensão da sonda são ajustados para atingir o potencial de espaço de plasma Vs com alguma sobreposição e para obter o comprimento do ramo iónico sobre a diferença de potencial de plasma $AVf=Vs-Vf$. Este processo de ajuste não é prejudicial para uma sonda, pois limpa a sua superfície colectora, para além da técnica de limpeza acima mencionada. Quando a descarga se torna estável, o botão START pode ser premido pelo cursor. A partir deste momento, durante dois segundos são registados, filtrados e calculados os 1000 VACs, os parâmetros de plasma Te e ne são determinados e enviados para a base de dados e monitor de computador juntamente com a sonda VAC e a função de probabilidade de energia electrónica EEPF=EEDF/£J/2 SOB a forma de tabelas, potenciais de plasma Vf e Vs e gráficos da densidade de corrente da sonda $j(V)$, $j\backslash V)$, $j'(V)$, e EEPF (de acordo com o método Druyvesteyn Vs é determinado pelo ponto zero da curva $j''(V)$). Este intervalo de tempo relativamente curto deste processamento de dados permite a sua consideração como modo de medição em tempo real. A vista resultante do visor VGPS-12 para a potência incidente RFG $PG=200$ W e $r=0$ (posição axial da sonda) é mostrada na Fig. 29.

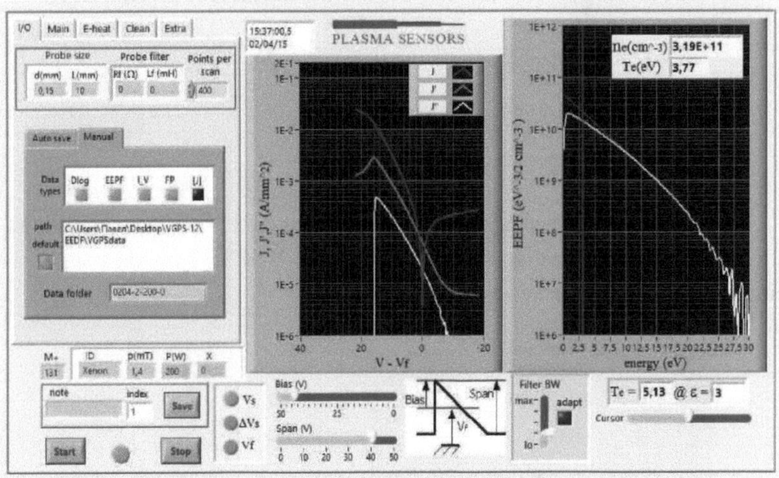

Fig. 29 VGPS-12 para o ponto experimental Pin=200 W, $r=0$, $p=2$ mTorr ($/p=10$ mm)

De acordo com [3] na descarga ICP com bobina de antena reforçada por núcleo de ferrite e alimentada pelo enrolamento simétrico do transformador, componente de alta frequência rms do potencial flutuante Vf à pressão de plasma da presente obra $p=2$ mTorr é $VfRF\sim0,4$ V à temperatura de electrões Te, V cerca de uma ordem de magnitude superior. Portanto, como foi observado em [2] em tal situação, não foi necessário nenhum filtro RF no circuito da sonda.

A fotografia da estação da sonda VGPS-12 é mostrada na Fig. 30.

Fig. 30 Aspecto da estação de sonda VGPS-12

Vista geral da presente instalação experimental RIT-10F no processo de medições de sondas utilizando a estação de sondas VGPS-12 ligada à sonda-1 direita móvel radialmente é mostrada na Fig. 31.

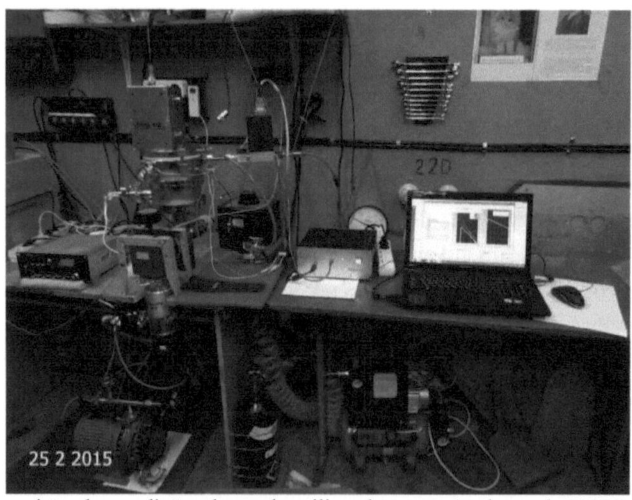

Fig. 31 Disposição das medições da sonda utilizando a estação de sonda VGPS-12 ligada à sonda cilíndrica recta radialmente móvel inserida no espaço de descarga de gás do modelo RIT-10F de secretária

As medições da sonda do presente trabalho foram efectuadas na pastilha de plasma de baixa pressão *(p=2* mTorr) de xénon de 146 mm de diâmetro e 39 mm de espessura em frente do ombro da secção inferior da câmara 18 (Fig. 27) para determinar o carácter geral das propriedades do modelo de propulsor iónico.

Ferramentas cilíndricas, a sonda-1 recta e a sonda-2 em forma de L, dispostas em diagnóstico de plasma na referida pastilha de plasma onde a sonda-1 se deslocou radialmente na secção transversal média da câmara de descarga de gás do RIT-10F a $z=33$ mm e passou pelas posições radiais $r=0+60$ mm enquanto a sonda-2 em forma de L passou pelas mesmas posições radiais rodando a sua ponta de sonda dobrada em torno do eixo vertical nas posições longitudinais $z=30-69$ mm. Estas sondas cilíndricas foram feitas de filamento de tungsténio 0,15 mm de diâmetro externo com ponta de medição de 10 mm de comprimento. A sua construção de desenho na forma da sonda recta é apresentada na Fig. 32.

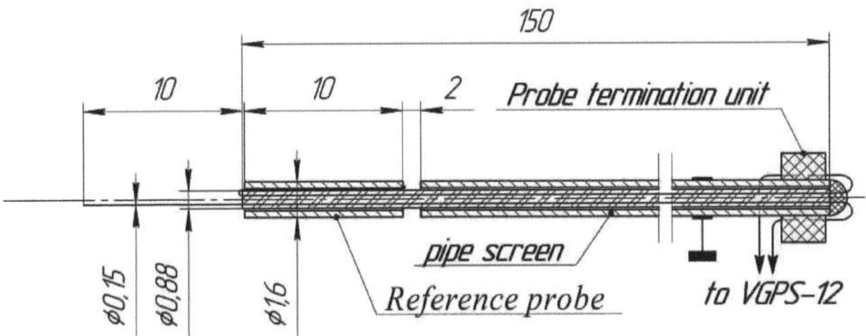

Fig. 32 O desenho da sonda cilíndrica recta

Note-se que as principais características do desenho da sonda-2 eram as mesmas. O filamento da sonda foi interjectado no capilar de cerâmica de 0,88 mm de diâmetro externo que foi inserido no tubo de aço de 1,6 mm de diâmetro externo. Este tubo serviu de escudo para proteger o circuito da sonda de interferências RF. Uma peça do mesmo tubo de 10 mm de comprimento foi fixada ao lado da ponta da sonda de medição e foi ligada com outro filamento de tungsténio inserido no canal capilar (uma vez que este capilar de cerâmica tinha 4 canais). Esta peça tubular com superfície colectora superior à superfície colectora da ponta da sonda de medição por mais de uma ordem de grandeza, serviu como sonda de referência a ser ligada à estação da sonda VGPS-12 juntamente com a ponta da sonda cilíndrica, tal como foi descrita acima. Os tubos de protecção de ambas as sondas foram ligados à terra dentro dos conectores de alimentação a vácuo UltraTorr mostrados na Fig. 27. A fotografia desta sonda cilíndrica-1 é apresentada na Fig. 33.

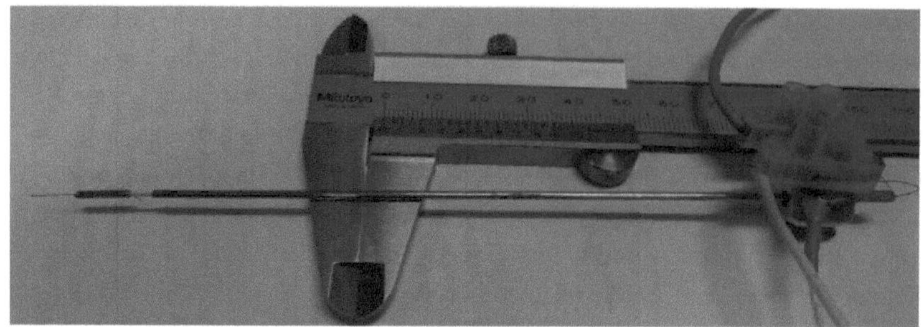

Fig. 33 A sonda cilíndrica recta-1

A sonda em forma de L-2 é mostrada na Fig. 34.

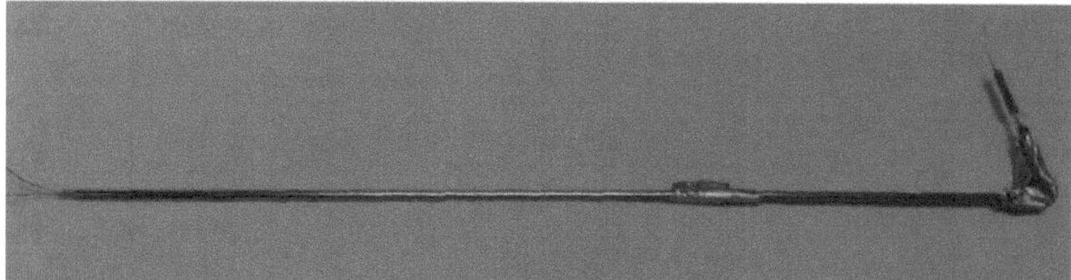

Fig. 34 A sonda cilíndrica em forma de L-2

Ambos os tipos de sondas cilíndricas instaladas na câmara de vácuo são mostrados na Fig. 35.

Fig. 35 Foto de todos os três tipos de sondas Langmuir instaladas na câmara de vácuo
Aqui à esquerda da sonda direita pode também ser vista uma haste de cerâmica com uma sonda plana no seu rabo interno. Também é fornecida com o escudo protector nu e aterrado. A aplicação especial desta sonda para diagnósticos de plasma será descrita abaixo.

Para organizar um diagnóstico preciso das sondas com as sondas cilíndricas foi necessário determinar o comprimento das suas pontas de sondas a fim de baixar os distúrbios de plasma locais causados pela recombinação de partículas carregadas nos seus primeiros porta-sondas que no presente trabalho foram representados pelas suas sondas de referência. Estas perturbações tinham de afectar os parâmetros de plasma dentro dos limites dos seus erros de medição que, no caso da estação de sondas VGPS, eram de ±10% para n_e determinação como foi referido acima. Este problema foi resolvido utilizando sondas cilíndricas rectas com comprimentos de ponta de sonda $lp=3$, 5, e 10 mm. Os resultados destas n_e medições para a potência incidente RFG Pin=200 W [11] são mostrados na Fig. 36.

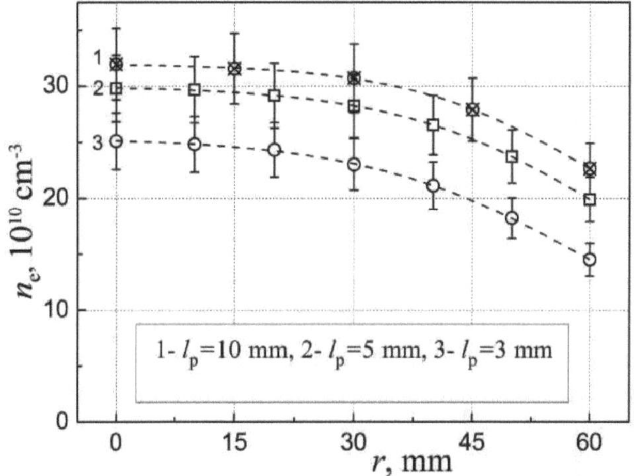

Fig. 36 Distribuições radiais ne para Pin=200 W obtidas utilizando sondas cilíndricas de diferentes comprimentos

Podia-se ver nesta figura que quanto maior era a ponta da sonda, mais alta era a leitura do seu VAC. A reordenação destas curvas nas dependências de ne medidas em comprimentos de sondas para diferentes posições radiais das sondas resultou numa solução clara do presente problema que é mostrada na figura 37.

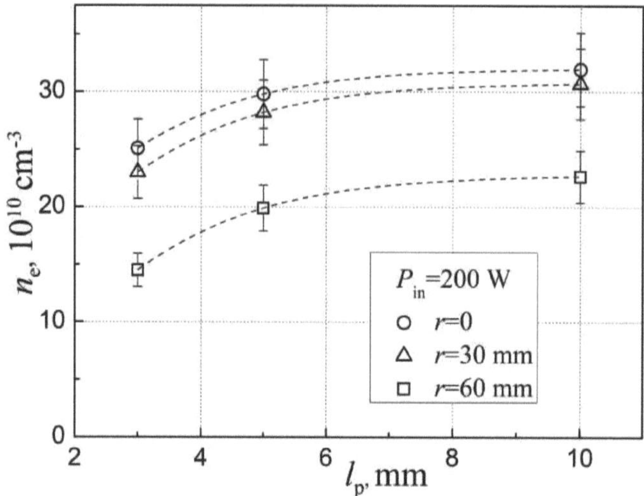

Fig. 37 Dependência da concentração de electrões medida no comprimento da ponta da sonda para diferentes posições radiais da sonda

Torna-se claro que devido à saturação dos dados de medição com o aumento do comprimento da ponta da sonda, as perturbações do plasma pelo primeiro suporte da sonda tornam-se bastante aceitáveis para comprimentos da ponta da sonda $lp> 6^7$ mm, porque tais sondas podem diminuir artificialmente os seus ne dados nos limites das suas margens de erro instrumental [11]. Portanto, as leituras das sondas cilíndricas de 10 mm de comprimento não dependem visivelmente da recombinação das partículas carregadas nos seus primeiros porta-sondas, o que pode ser considerado como um nível insignificante de perturbação local do plasma. Assim, pode concluir-se que os parâmetros de plasma de xenon medidos com $lp=10$ mm de sonda correspondem a um ambiente local praticamente não perturbado ao lado das pontas das sondas.

Note-se que os dados de medição da Fig. 37 podem ser considerados como universais que podem ser comparados com quaisquer sondas praticamente utilizadas se forem representados como a dependência de ne/nemax em relação à proporção da superfície da sonda que recolhe a *2nalp (a* é o raio da ponta da sonda) em relação à parte da superfície da sonda de referência que recolhe a ponta da sonda *4nb$^{'l+nb'l}$ (b* é o raio do suporte da sonda) que é igual à superfície do primeiro suporte da sonda de um calibre, somada à superfície da sua extremidade plana. Denotando as proporções destas superfícies 2nalp/5nb2 = 0,4(*a/b2*)*lp* como *Lp* que se parece com o comprimento normalizado da sonda, a versão sem dimensões dos dados da Fig. 37 é apresentada na Fig. 38.

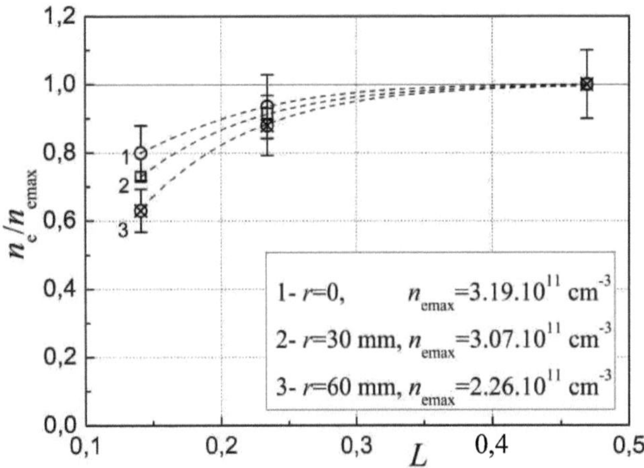

Fig. 38 Dependência sem dimensão do ne/nemax no comprimento normalizado da sonda

Assim, os dados apresentados podem ser comparados com as medições de sondas de outros autores. Como exemplo, podemos considerar dimensões de sondas cilíndricas dadas na revisão [8]: *a=0,038* mm, *b=0,085* mm, e *lp=6* mm correspondentes a *Lp~12,6*. Este facto significa que tal sonda pode medir parâmetros de plasma sem qualquer perturbação local do plasma causada pelo seu primeiro suporte de sonda.

II.3 Resultados do diagnóstico da sonda de plasma ICP

O aspecto da média típica do VAC da sonda-1 obtido na presente experiência para $z=33$ mm, $r=0$, e $_{Pin=200}$ W é mostrado na Fig. 39.

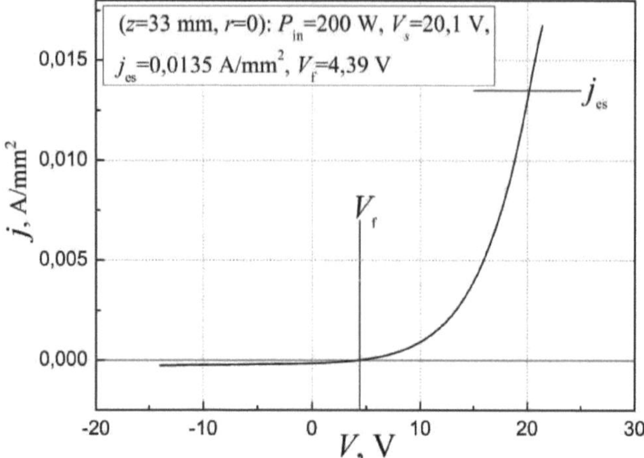

Fig. 39 Sonda típica VAC para plasma de xenon na área média do espaço de descarga de gás do RIT-10F

A sua forma é bastante clássica. Tendo em consideração que para esta sonda a densidade máxima da corrente atingiu 0,02 A/mm2 pode-se notar que para a sonda 0,15 mm de diâmetro e 10 mm de comprimento com superfície colectora de 4,71 mm2 a sua corrente máxima atingiu *Ipmax~0,094* A. Para confirmar a correspondência das medições da sonda assim dispostas com a condição de Langmuir implicando que a corrente máxima da sonda deve ser muito inferior à corrente de descarga criando plasma, temos de voltar ao diagnóstico integral. A partir da Fig. 22 descobrimos que para $P_{in}=200$ W a potência RF absorvida pelo plasma é *PP-175* W e para este valor *PP DE* acordo com a Fig. 24 a resistência equivalente do plasma é $RP_{eq}-16$ Ohm. Usando a lei de Ohm verificamos que neste caso a corrente de descarga média $I_d=(PP/RP_{eq})_{12-3}$,3 A. Como resultado vemos que $I_d/7p_{max}=3$,3/0,094-35 que significa que a corrente de descarga ICP excedeu a corrente máxima da sonda em cerca de 1,5 ordem de magnitude. Em todos os outros pontos experimentais tais relações são muito mais elevadas, pelo que as nossas medições da sonda corresponderam rigorosamente à condição de Langmuir, exigindo uma influência muito pequena das correntes da sonda no equilíbrio da ionização do plasma de xenon.

Como foi mencionado acima, o diagnóstico das sondas começa com a obtenção de funções de probabilidade de energia electrónica EEPFs registadas em todos os pontos de medição. No dado incidente RFG potências P_{in} e em escala semi-logarítmica que é interessante para a avaliação da forma EEPF, as suas distribuições radiais variaram de forma bastante ténue. É por isso que as EEPF experimentais podem ser razoavelmente apresentadas em algumas posições fixas da sonda para diferentes níveis de P_{ino}. Tal exemplo é mostrado na figura 40 para

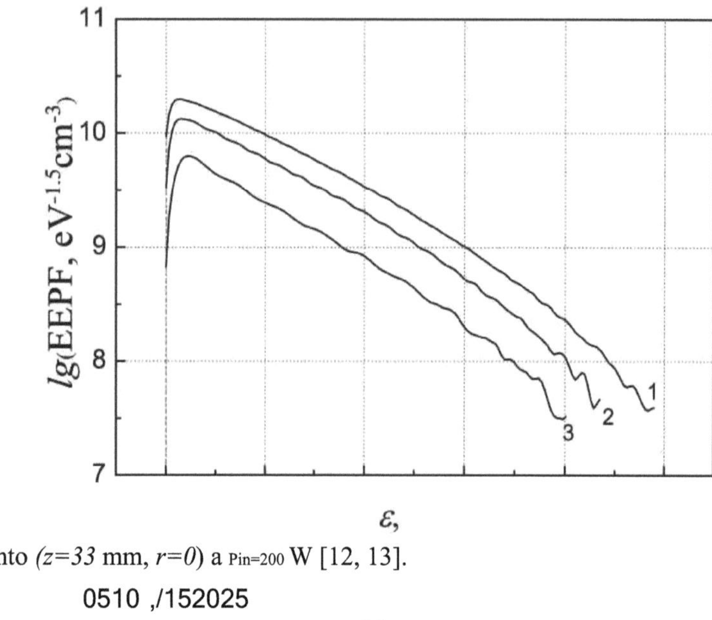

o ponto *(z=33* mm, *r=0)* a $P_{in=200}$ W [12, 13].

Fig. 40 O exemplo de EEPFs medidas para diferentes P_{inos} a *r=0* 1- $P_{ino=200}$ W, 2- 100 W, 3- 50 W

[12, 13]

Para os plasmas Maxwellian estes gráficos semi-log deveriam ser lineares, mas aqui não têm este aspecto. Ao mesmo tempo, os seus desvios em relação à linearidade não são muito grandes. É bem conhecido da literatura que normalmente o plasma de descarga de gás difere da substância Maxwelliana. Mas na presente experiência a sua dissemelhança em relação a esta característica não parece suficientemente significativa. Por conseguinte, o plasma de xenon não perturbado no espaço de descarga de gás do modelo RIT-10F pode ser qualitativamente considerado como uma substância Maxwelliana. Uma decisão mais precisa sobre este problema será ainda dada.

Note-se que ao nível máximo de potência RF $P_{;\,n=200}$ W EEPF desvio da linearidade ligeiramente aumentado na gama de energia das colisões elásticas de electrões-atom £=0-8,3 eV (8,3 eV é o primeiro potencial de excitação para o plasma de xenon). Tais colisões no plasma de baixa pressão devem corresponder realmente à EEPF de Maxwell. Portanto, na presente experiência tivemos alguma influência externa que resultou em algumas perturbações do plasma. Esta questão será também considerada a seguir.

II.2.1 Dados iniciais obtidos por sondas com escudos de protecção desprotegidos

Os resultados do diagnóstico da sonda utilizando a estação de sonda VGPS-12 e a sonda cilíndrica rectilíndrica-1 radialmente móvel no espaço de descarga de gás médio secção transversal $z=33$ mm são apresentados nas Figs. 41-44 [12, 13].

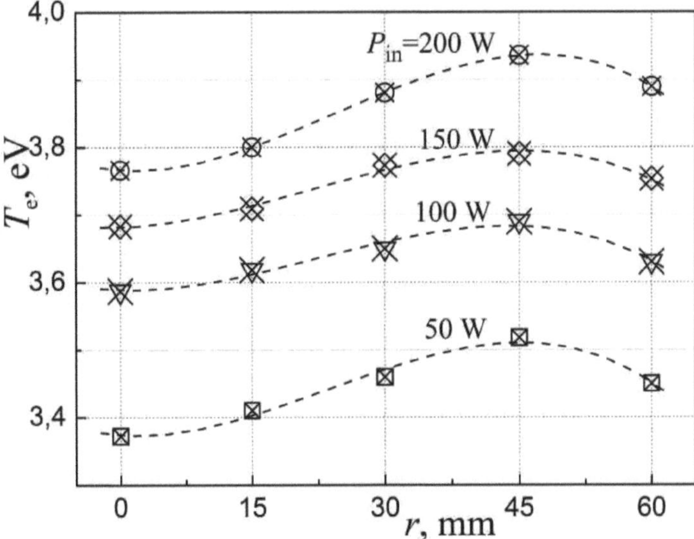

Fig. 41 Distribuições radiais da temperatura dos electrões para diferentes *pinos*

49

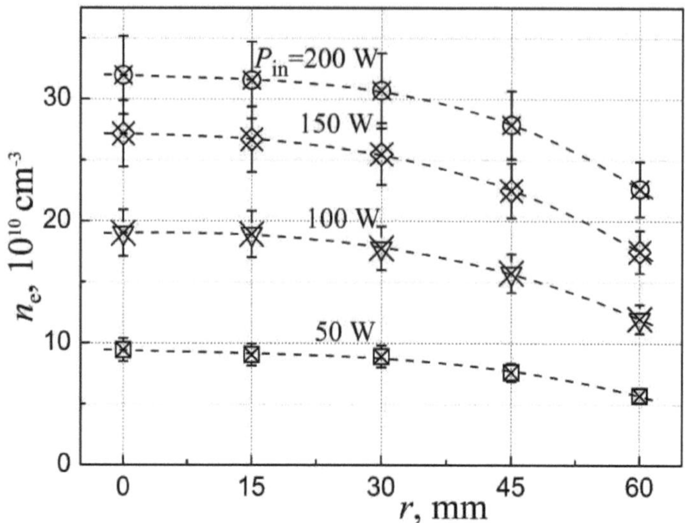

Fig. 42 Distribuições radiais da concentração de electrões para diferentes *pinos*

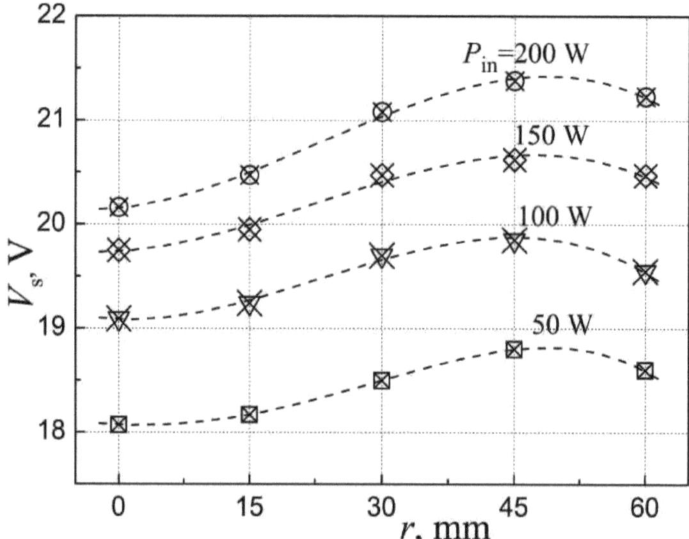

Fig. 43 Distribuições radiais dos potenciais do espaço plasmático para diferentes pinos

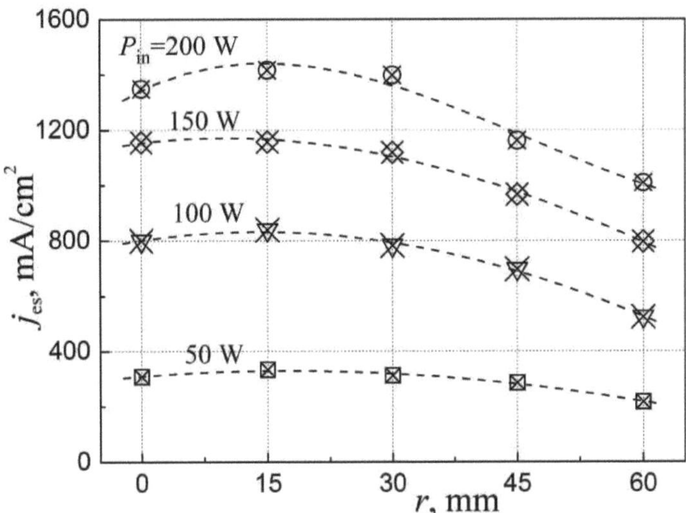

Fig. 44 Distribuições radiais da densidade da corrente de saturação dos electrões para diferentes *pinos*

Note-se que em todos os pontos experimentais para a sonda reta-1, isto é, nas posições radiais r =0^60 mm e em todos os níveis de potência incidente RFG $_{Pino}$ = 50÷200 W potencial flutuante da sonda permaneceu constante: Vf - 4,39 V. Este é um fato interessante que será usado abaixo e a razão para esta peculiaridade será pesquisada nos trabalhos subsequentes.

Estes resultados das medições da sonda recta-1 a $z=33$ mm podem ser comparados com os dados do diagnóstico da sonda-2 em forma de L que determinou os parâmetros do plasma a $z=30$ mm, ou seja, dentro da camada superior da pastilha de plasma, que correspondia à secção transversal média do espaço de descarga de gás, onde a sonda-1 se movia radialmente na gama r = 0-60 mm e a sonda-2 em forma de L funcionava em pontos radiais r = 0, 30, e 60 mm para os quais as posições extremas coincidiam com as da sonda recta e o ponto médio estava localizado um pouco à parte. Outros dados de distribuição dos parâmetros de plasma longitudinais, mencionados em [12], mostraram que esta diferença nas posições z não podia resultar em variações notáveis de quaisquer parâmetros de plasma. Por conseguinte, devemos presumir que as sondas de ambos os tipos operavam numa secção transversal média comum do espaço de descarga de gás. Os resultados das medições de distribuição radial $_{Te,}$ $_{ne,}$ Vs, e jes obtidas por ambas as sondas em $z=30$-33 mm e para potências RFG incidentes $_{Pin}$ = 50-200 W são apresentados nas Figuras 45-48.

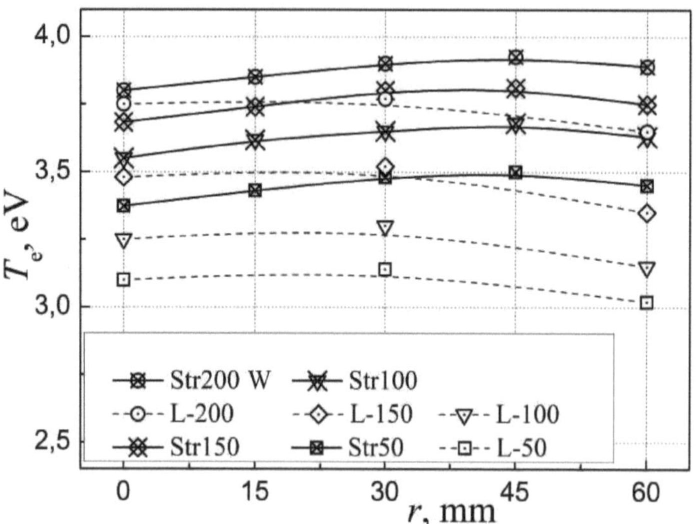

Fig. 45 Distribuições radiais de *Te* para ambos os tipos de sonda em *Pin* = 50^200 W.

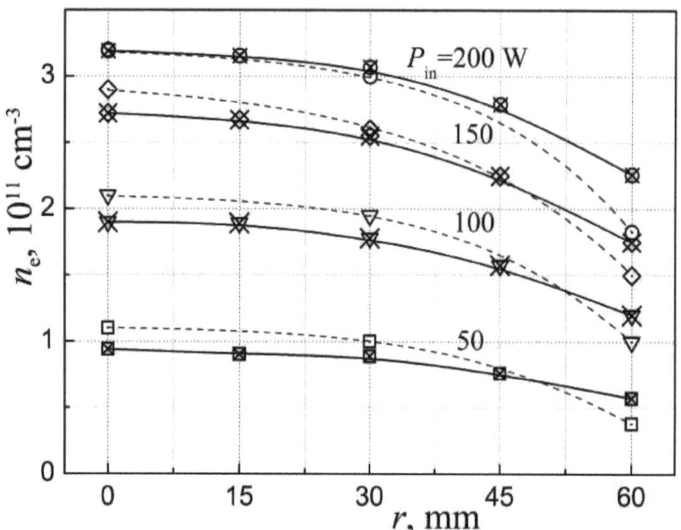

Fig. 46 Distribuições radiais de *ne* para ambos os tipos de sonda a Pin = 50+200 W.

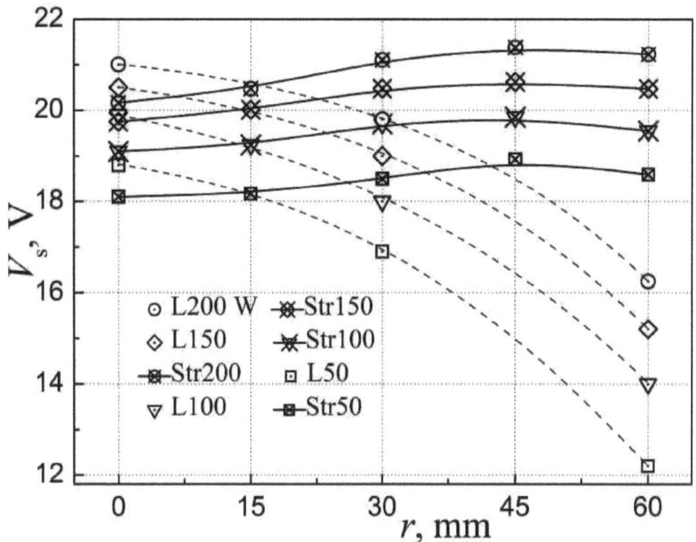

Fig. 47 Distribuições radiais de *Vs* para ambos os tipos de sonda em *Pin* = 50+200 W.

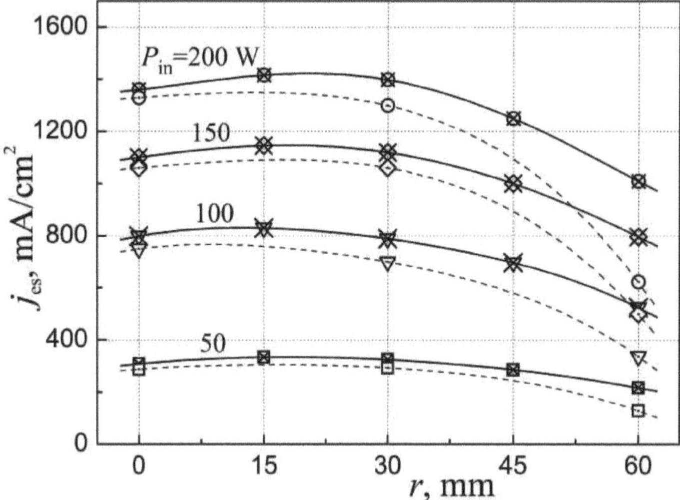

Fig. 48 Distribuições radiais de *jes* para ambos os tipos de sondas em *Pin* = 50+200 W.

Pode-se ver que as leituras de ambas as sondas diferem bastante, embora tenham registado parâmetros de plasma na mesma secção transversal da pastilha e tivessem dois pontos coincidentes, $r = 0$ e $r = 60$ mm onde as suas leituras diferem bastante, especialmente na segunda posição, $r = 60$ mm, ao lado da parede GDC que já chamámos de "especial" ponto A mostrado nas Figs 26 e 27. Note-se que os seus desvios gerais são mais substanciais para os potenciais de espaço plasma, Vs (Fig. 47), e temperaturas de electrões, Te (Fig. 45). Devido à negligenciabilidade das distorções locais do plasma de ambas as pontas das sondas [11], como foi discutido acima, e à utilização de sondas e escudos de referência de protecção nua, devemos supor que as discrepâncias de medição das sondas obtidas no presente trabalho foram causadas, presumivelmente, por algum tipo de perturbações da estrutura do espaço de descarga de gás. Como possíveis fontes destas discrepâncias, podemos enumerar diferentes designs de sondas, diferentes gamas de variações do comprimento do seu escudo nu e as suas diferentes localizações.

Para encontrar a principal fonte de discrepâncias de medição entre elas, temos de obter um conjunto completo de parâmetros da pastilha de plasma para analisar a imagem geral das suas propriedades. Para este efeito, a sonda-2 foi deslocada para baixo dentro da pastilha de plasma, passando por mais três posições longitudinais, $z = 43$, 56, e 69 mm, e em cada uma delas girava em torno do seu eixo, registando parâmetros de plasma em três pontos radiais, $r = 0$, 30, e 60 mm. Desta forma, foram obtidas as distribuições longitudinais dos parâmetros da pastilha de plasma. Os seus resultados foram aproximados linearmente para as três posições radiais, como se pode ver nas Figuras 49-60.

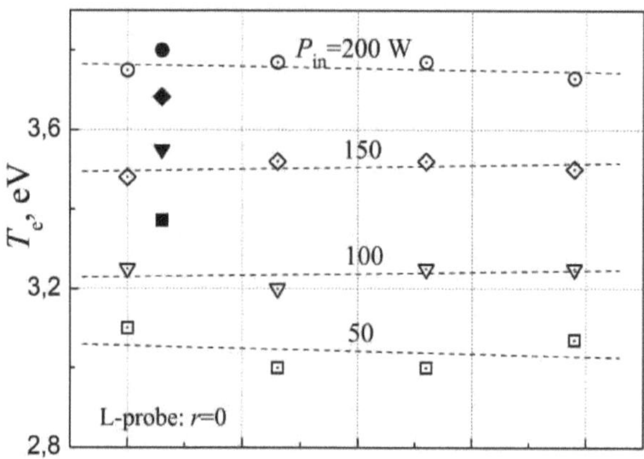

Fig. 49 Distribuições longitudinais de Te para a sonda L a $r = 0$ e $Pin = 50\div200$ W.

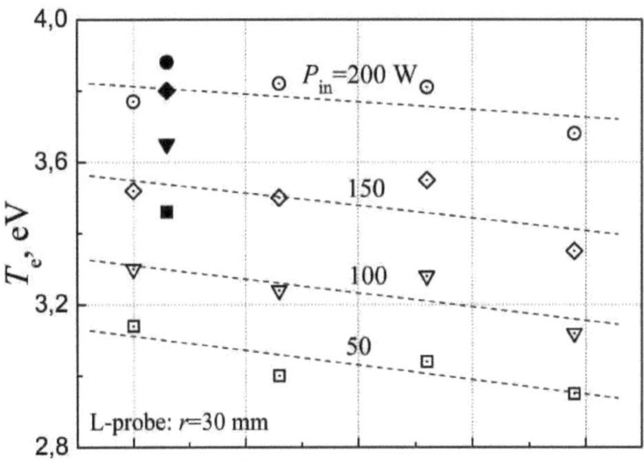

Fig. 50 Distribuições longitudinais de T_e para a sonda L a r = 30 mm e P_{in} = 50^200 W.

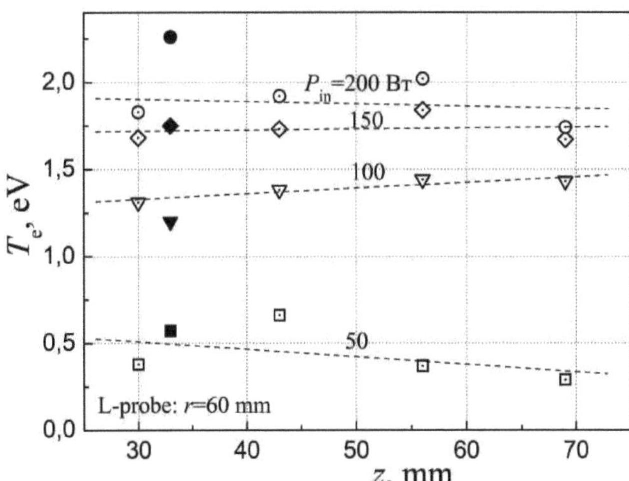

Fig. 51 Distribuições longitudinais de T_e para a sonda L a r = 60 mm e P_{in} = 50^200 W.

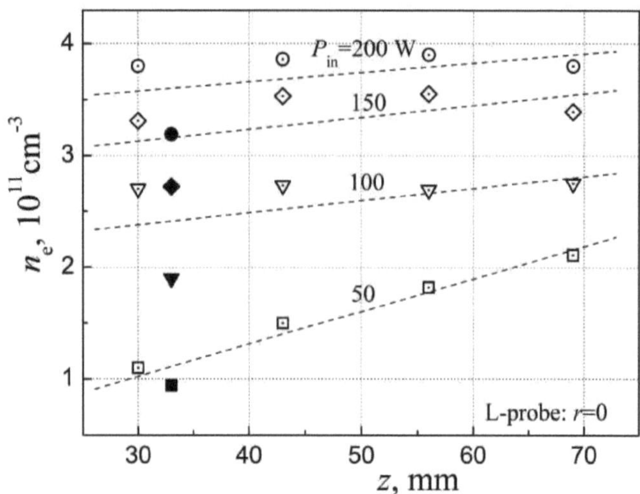

Fig. 52 Distribuições longitudinais de n_e para a sonda L a $r = 0$ e P_{in} = 50^200 W.

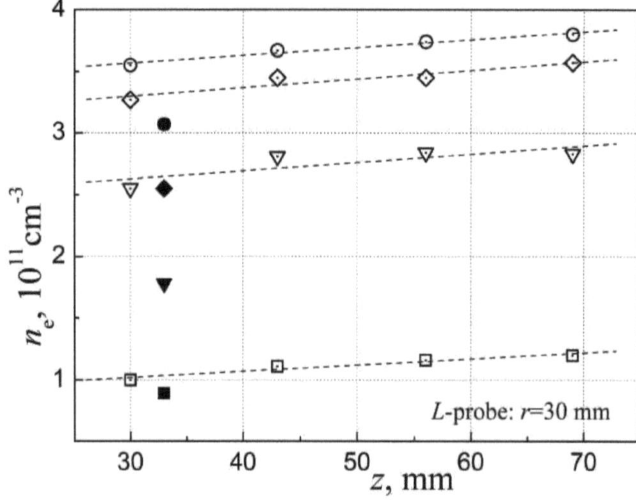

Fig. 53 Distribuições longitudinais de n_e para a sonda L a r = 30 mm e P_{in} = 50+200 W.

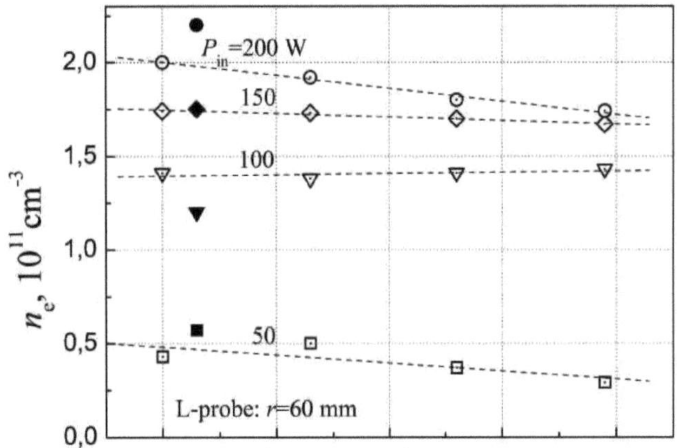

Fig. 54 Distribuições longitudinais de $_{ne}$ para a sonda L a $r = 60$ mm e $Pm = 50\text{+}200$ W.

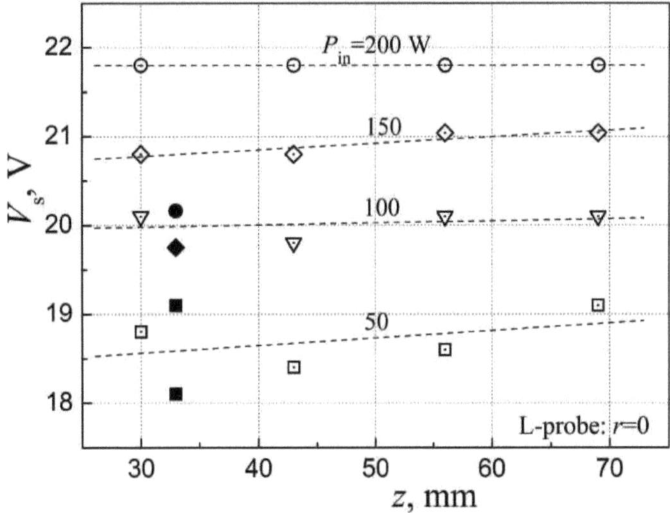

Fig. 55 Distribuições longitudinais de Vs para a sonda L a $r = 0$ e $_{Pin} = 50\text{+}200$ W.

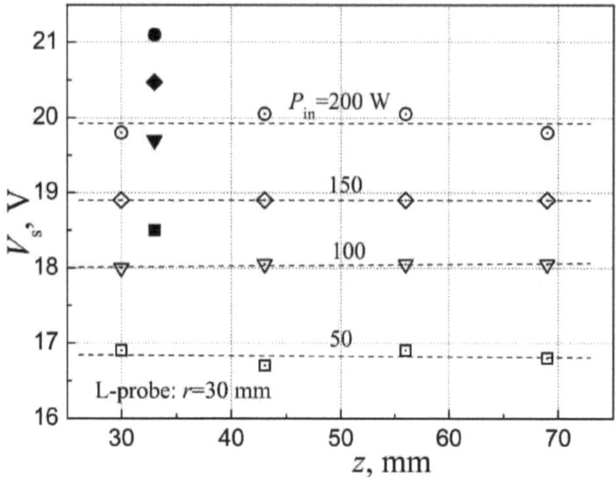

Fig. 56 Distribuições longitudinais de *Vs para* a sonda L a $r = 30$ mm e $P_{in} = 50\char94200$ W.

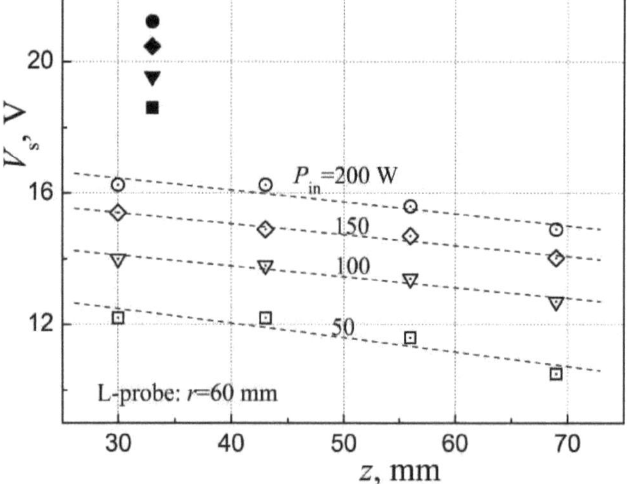

Fig. 57 Distribuições longitudinais de *Vs* para a sonda L a $r = 60$ mm e $P_{in} = 50\char94200$ W.

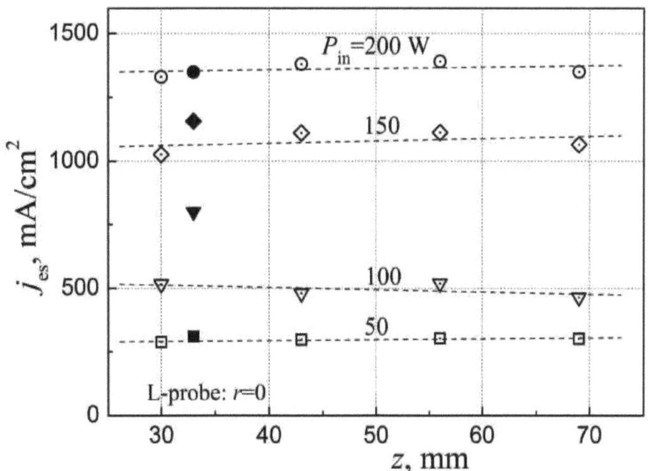

Fig. 58 Distribuições longitudinais de *jes* para a sonda L a *r* = 0 e *Pin* = 50+200 W

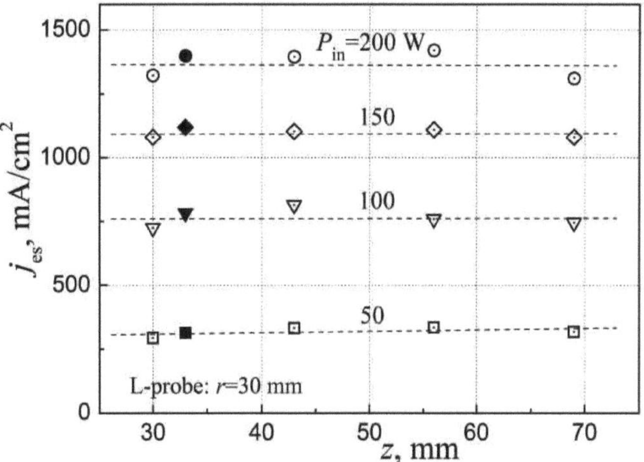

Fig. 59 Distribuições longitudinais de jes para a sonda L a *r* = 30 mm e Pin = 50+200 W.

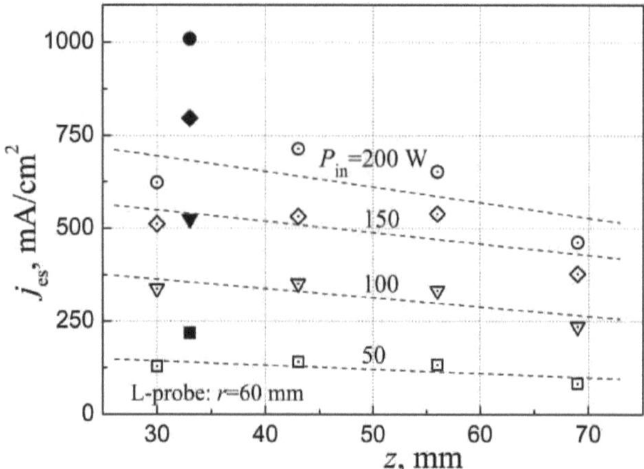

Fig. 60 Distribuições longitudinais de *jes* para a sonda L a r = 60 mm e *Pin* = 50÷200 W.

Estes números são bastante numerosos, mas são necessários para organizar a representação completa dos parâmetros da pastilha de plasma para a analisar no presente trabalho e talvez para continuar esta consideração em alguns trabalhos subsequentes. Em todos os gráficos das figuras 49-60, os resultados das medições para a sonda recta-1 são mostrados com pontos negros para uma comparação clara com os pontos ocos obtidos pela sonda L. Olhando para estas figuras mostra que, muito raramente, as leituras de ambas as sondas estão próximas uma da outra. Normalmente são diferentes, e por vezes as suas diferenças são bastante grandes. Por exemplo, ver figuras 45, 47, 57, e 60 que demonstram as maiores diferenças de resultados de medição no ponto especial r = 60 mm. Todos os dados da sonda L mostram que as variações longitudinais dos parâmetros de plasma na pastilha de plasma são bastante fracas, de modo que as diferenças de dados de medição na camada superior da pastilha de plasma não poderiam ser o resultado de diferentes níveis de deslocamento da sonda z = 30 mm e z = 33 mm. Havia algumas fontes de distorções na estrutura do plasma. Portanto, a questão é, qual é a principal razão para as discrepâncias de medição das sondas assim reveladas?

II.2.2 Avaliação quantitativa dos erros de medição e suas correcções

Para responder a esta pergunta, tivemos de encontrar a base para tal análise. Na nossa opinião, ela deveria ser representada pelo estado do plasma que é reflectido pelos EEDFs e os seus desvios da função ideal de Maxwell. Esta tarefa não é difícil para nós porque o programa de controlo da estação de sonda VGPS-12 baseia-se no método Druyvesteyn, segundo o qual os EEDFs de plasma são registados com precisão como o primeiro passo do diagnóstico das sondas, sem quaisquer limitações às suas formas. Antes de mais estamos a comparar os EEDFs para avaliação qualitativa das suas aparências numa posição comum especial para sondas de ambos os tipos que se encontra ao lado da parede GDC a $r = 60$ mm dentro da camada superior da pastilha de plasma a $z = 30\text{-}33$ mm - ver Fig.61.

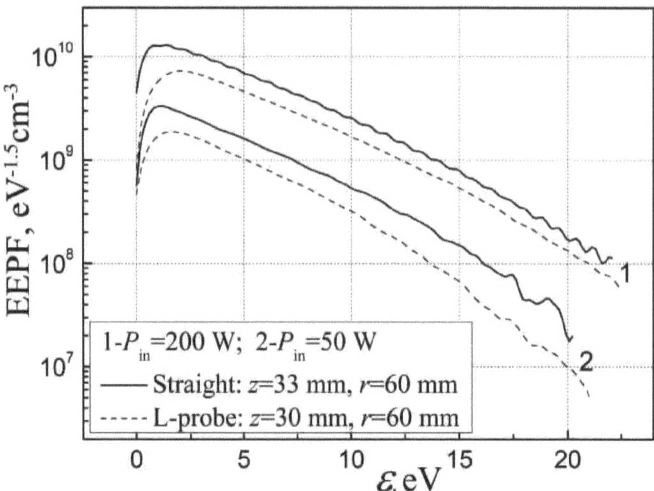

Fig. 61 As EEPF para ambos os tipos de sonda a $z=30\text{-}33$ mm, $r=60$ mm, e $Pin=$ 200 & 50 W

Como na Fig. 40, aqui todas as quatro curvas não parecem lineares enquanto os seus desvios da linearidade não estão muito longe. Mas é difícil compará-las com as funções de Maxwell porque tais gráficos não têm quaisquer indicações definitivas para a análise das medições. Por conseguinte, parece lógico recorrer às avaliações quantitativas do EEDF. Para este efeito, temos de utilizar o método proposto pelos autores em [12, 13]. De acordo com este método, os valores medidos das densidades de corrente de saturação dos electrões, *jes,* devem ser comparados com os teóricos Maxwellian como a razão *jes/jesM,* onde *jesM* é a densidade de corrente de saturação dos electrões para os plasmas isotrópicos ideais Maxwellian expressos pela fórmula clássica

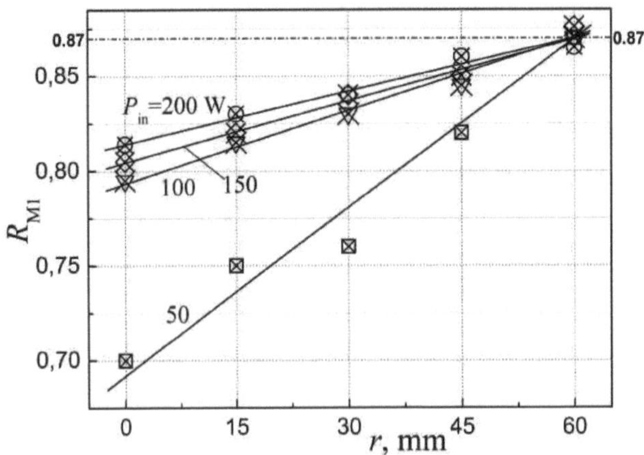

Fig. 62 Distribuições Radial R_{MI} para a sonda recta-1 a P_{in} = 50-200 W.

Estes resultados revelaram-se interessantes e inesperados, mostrando que para a sonda recta-1, os EEDFs e os seus desvios das funções Maxwellianas ideais reflectiam a influência do comprimento do escudo protector da sonda nua e variavam linearmente com o seu comprimento *lsh1* a partir da propagação máxima ^mi = 0,7-0,82 a *r* = 0 e *lshi* = 56 mm. Esta dispersão convergiu linearmente e o seu nível médio subiu linearmente com *lshi* ao ponto único ^mi ~ 0,87 a *r* = 60 mm que se manteve aproximadamente constante para todos os níveis de potência RFG incidente Pino no ponto em que o escudo da sonda recta estava ausente, *lsh1* = 0. Portanto, possíveis perturbações de plasma à volta da ponta desta sonda-1 foram proporcionais ao comprimento *lsh1* do seu escudo, atingindo o nível mínimo de perturbações no ponto (*lsh1* = 0, *r* = 60 mm), que já designámos como o ponto "especial" A (Figs. 26, 27) onde as sondas de ambos os tipos tendo determinado o conjunto completo de parâmetros de plasma permitiram comparações quantitativas dos seus valores.

Uma análise mais aprofundada da situação de medição será mais conveniente utilizando expressões analíticas para os dados da Fig. 62. Estas foram representadas pelas seguintes equações:

$$\text{for } P_{in}=50 \text{ W}: R_{M1}(r)=3\cdot10^{-3}r + 0.69; \tag{5}$$

$$P_{in}=100 \text{ W}: R_{M1}(r)=1.283\cdot10^{-3}r + 0.793; \tag{6}$$

$$P_{in}=150 \text{ W}: R_{M1}(r)=1.1\cdot10^{-3}r + 0.804; \tag{7}$$

$$P_{in}=200 \text{ W}: R_{M1}(r)=0.933\cdot10^{-3}r + 0.814 \tag{8}$$

Pode ser visto na Fig. 62 que as distorções EEDF do nosso plasma de xénon parecem inesperadamente graves porque normalmente os diagnósticos de sonda do plasma de baixa pressão foram realizados utilizando sondas Langmuir com protecção convencional dos seus circuitos contra interferências de radiofrequência por escudos metálicos nus [14, 15]. Compreendeu-se que podiam provocar um curto-circuito das diferenças potenciais do plasma, mas foram consideradas como sendo bastante pequenas correntes iniciadoras de curto-circuito muito menos do que as correntes de descarga responsáveis pela ionização do plasma. Por conseguinte, este efeito foi considerado bastante fraco que dificilmente poderia influenciar o estado do plasma. Quanto aos nossos resultados de medição em distorções EEDF, eles mostraram que a influência dos escudos nus sobre o estado do plasma era bastante perceptível. Abaixo ficará claro como esta influência foi reflectida quantitativamente nos parâmetros do plasma.

Avaliações semelhantes de distorções EEDF foram também realizadas para a sonda L, sonda-2. Os seus resultados são mostrados na Fig. 63.

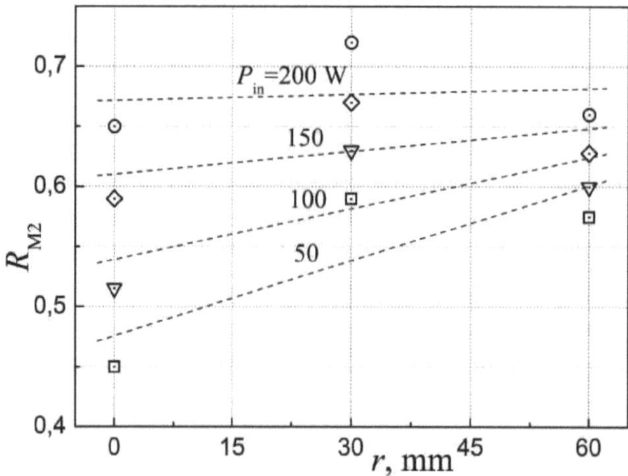

Fig. 63 Distribuições de Radial $RM2$ para a sonda em forma de L - 2 no $Pino$ = 50-200 W.

As distribuições radiais $RM2(r)$ para a sonda-2 mostraram que os seus parâmetros $RM2$ variavam em gamas inferiores: 0,45-0,65 a r = 0, 0,6-0,72 a r = 30 mm, e 0,57-0,65 a r = 60 mm. Além disso, as suas aproximações lineares demonstraram que as perturbações gerais do EEDF para a sonda-2 diminuíram ligeiramente em direcção à parede da câmara de vácuo, o que correspondeu a um ligeiro aumento das linhas aproximativas de $RM2(r)$. No ponto especial ($Zshi$ = 0, r = 60 mm), os EEDFs para o plasma em torno da sonda-2 desviaram-se da função Maxwell muito mais do que os desvios de 13% para o plasma em torno da sonda-1 recta que correspondiam a $RM1$ - 0,87. Este facto significa que, neste ponto, as interacções plasma-escudo para a sonda recta-1 eram bastante fracas, enquanto que para a sonda-2, eram muito mais activas.

Portanto, os dados de medição para a sonda-2 no ponto especial ($Zsh1 = 0$, $r = 60$ mm) podem ser comparados quantitativamente com os dados fracamente distorcidos para a sonda-1 recta mostrando as perturbações de plasma reais causadas pelo escudo protector nu da sonda-2. Esta comparação foi feita na forma das proporções $Te2Te\backslash$, $ne2\ln ei$, К2Ж1, e $Jes2/jes1$ usando os dados do ponto especial para ambas as sondas extraídos de Figs. 4548. A figura 64 mostra a dependência destes rácios em relação à potência RF absorvida pelo plasma PP - $(x2/X1)(Pp)$.

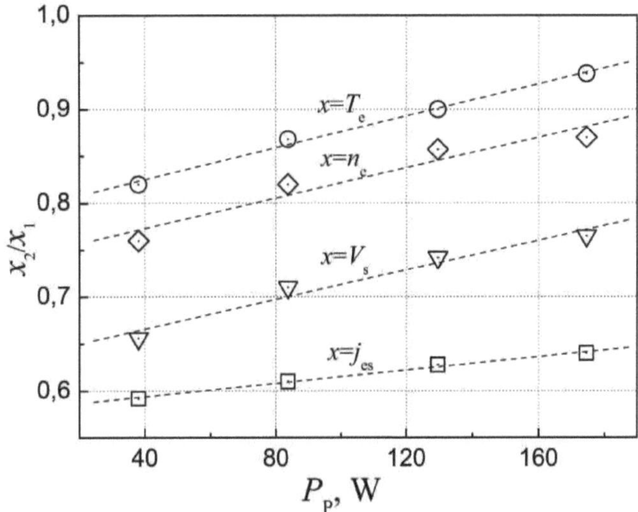

Fig. 64 Taxas de parâmetros de plasma ($xilxi$) vs. PP para ambas as sondas

Pode-se ver que os parâmetros de plasma são diferentemente reduzidos no ponto especial: quanto mais energia RF é absorvida pelo plasma, menos é esta redução e, portanto, menos distorções EEDF de plasma são iniciadas pelo escudo de sonda-2. Os dados da Fig. 64 para o ponto especial $r = 60$ mm foram utilizados para obter as dependências destas relações de parâmetros de plasma ($X2IX1$) sobre o $RM2$ para a sonda-2 que são mostradas na Fig. 65 juntamente com o ponto ($RM1$ " 0,87, ($x2lx1$) = 1) para a sonda recta-1.

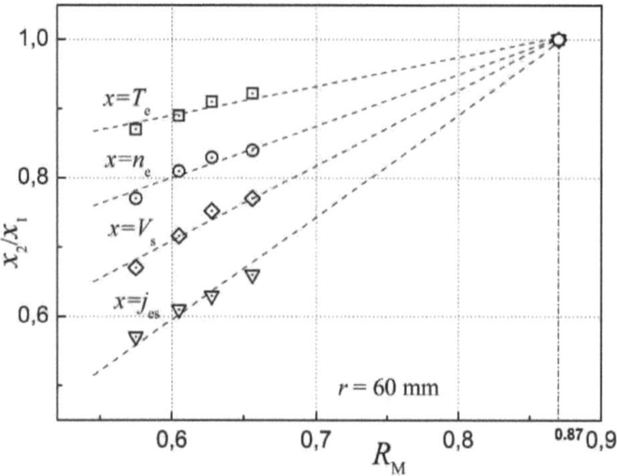

Fig. 65 Funções gerais linearmente aproximadas $(XI/XI)(RM)$ no intervalo de $RM = 0{,}45$-

A física das interacções de ambas as sondas com plasma foi a mesma, razão pela qual todos os grupos de $(X2/XI)(RM2)$ dependências da sonda-2 foram linearmente aproximadas com o ponto universal $(RMl \sim 0{,}87, (X2/XI) = 1)$ para a sonda-1 recta para obter a função geral $(X2/XI)(RM)$ que caracteriza os erros de medição da sonda causados pelos escudos de protecção nua. Assim, as dependências obtidas para diferentes parâmetros de plasma são mostradas na Fig. 65 por linhas tracejadas.

Estas funções gerais $(X2/XI)(RM)$ que caracterizam quantitativamente a influência das perturbações EEDF nos parâmetros da sonda medida podem ser consideradas juntamente com as dependências $_{RMl}(r)$ mostradas na Fig. 62 para excluir a variável RM e obter $(X2/XI)(r)$ funções de correcção para diferentes parâmetros de plasma que determinam as reformas dos resultados de medição iniciais da sonda-1 nas distribuições de parâmetros de plasma corrigidos.

Esta operação pode ser feita facilmente utilizando expressões analíticas para aproximar linhas rectas da Fig. 65:

$$(T_{e2}/T_{e1})(R_M)=0.3919R_M + 0.659 \tag{9}$$

$$(n_{e2}/n_{e1})(R_M)=0.7838R_M + 0.3181 \tag{10}$$

$$(V_{s2}/V_{s1})(R_M)=1.0811R_M + 0.0594 \tag{11}$$

$$(j_{es2}/j_{es1})(R_M)=1.5405R_M - 0.3402 \tag{12}$$

Para corrigir os resultados de algumas medições de parâmetros definidos temos de inserir $(5)\wedge(8)$ grupo de expressão numa das fórmulas de (9) a (12) para diferentes parâmetros plasmáticos e níveis de $P\text{-}m$ que podem dar quatro dependências de correcção *(x2/xi)(r)* para os parâmetros plasmáticos acima apresentados. Como exemplo, o grupo de expressões de correcção da temperatura dos electrões T_e assemelha-se ao seguinte:

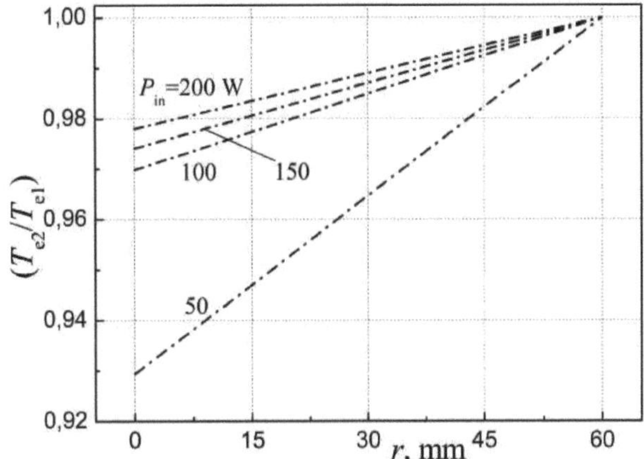

Fig. 66 Distribuições radiais dos rácios de correcção T_e para *Pm=100+200* W

Resultados semelhantes foram obtidos para *ne, Vs,* e *jes* que são apresentados em Figs. 67^69.

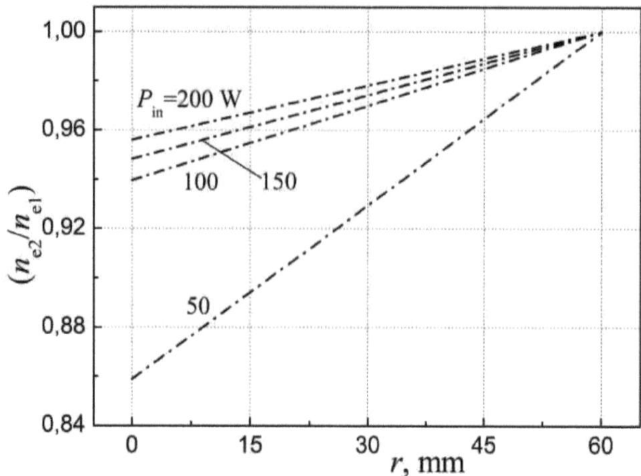

Fig. 67 Distribuições radiais dos rácios de *ne* correcção para Pin=100+200 W

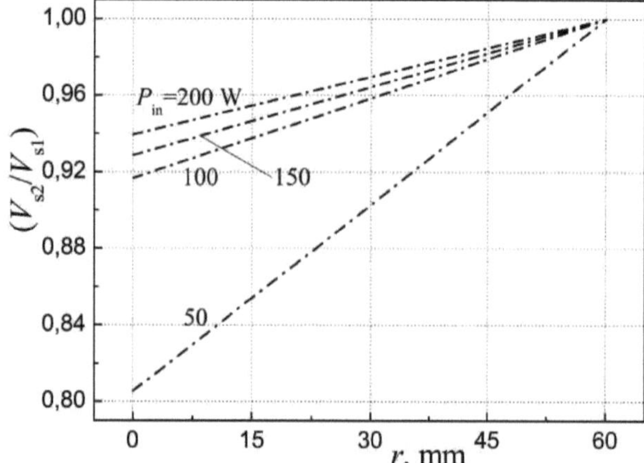

Fig. 68 Distribuições radiais dos rácios de correcção dos *Vs* para Pin=100^200 W

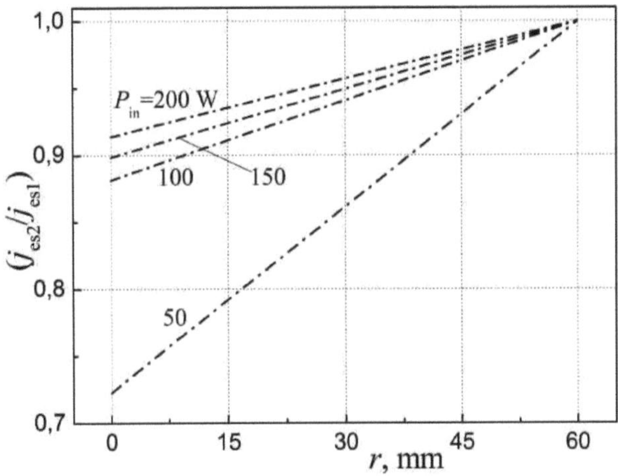

Fig. 69 Distribuições radiais dos rácios de correcção dos *jes* para *Pin=100^200*

Depois todos os pontos de medição das Figs. 41^44 para Pin=5(H200 W foram divididos pelos rácios correspondentes (*X2/X1*) das Figs. 66+69 que resultaram em distribuições radiais corrigidas de todos os parâmetros de plasma de medição da sonda para a secção transversal média do espaço de descarga de gás do RIT-10F que são apresentados nas Figs. 70+73.

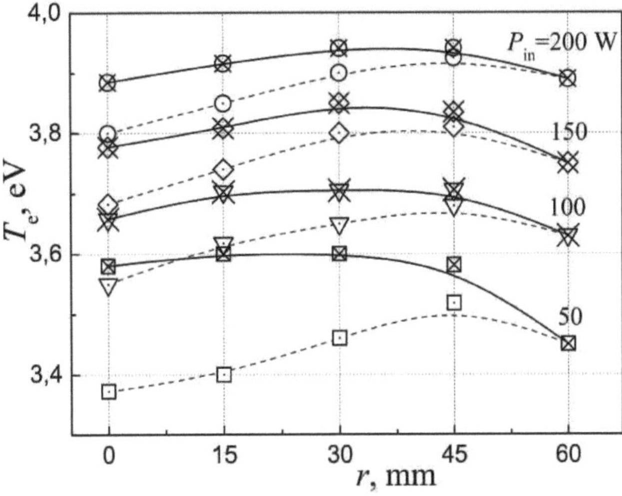

Fig. 70 Distribuições radiais corrigidas das temperaturas dos electrões de plasma *Te* (linhas sólidas) em comparação com
resultados de medição distorcidos (linhas tracejadas)

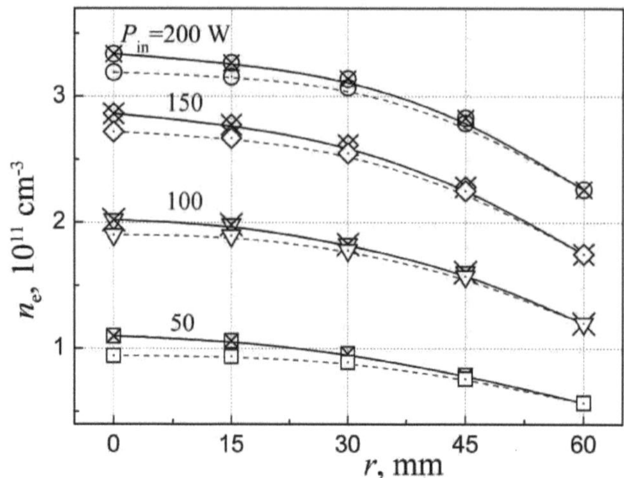

Fig. 71 Distribuições radiais corrigidas das concentrações de electrões n_e (linhas sólidas) em comparação com resultados de medição distorcidos (linhas tracejadas)

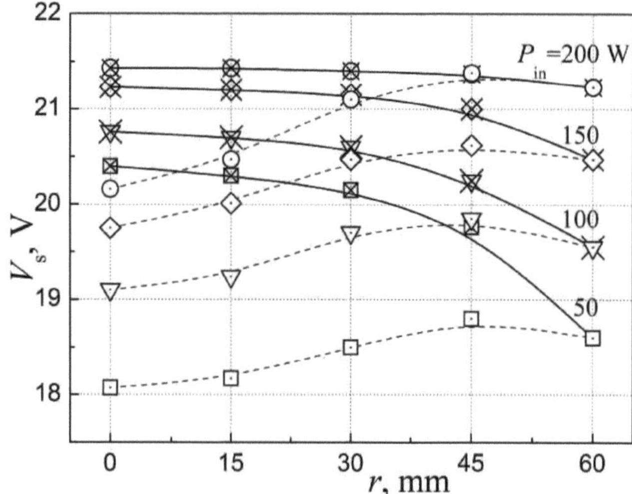

Fig. 72 Distribuições radiais corrigidas dos potenciais de espaço plasma V_s (linhas sólidas) em comparação com resultados de medição distorcidos (linhas tracejadas)

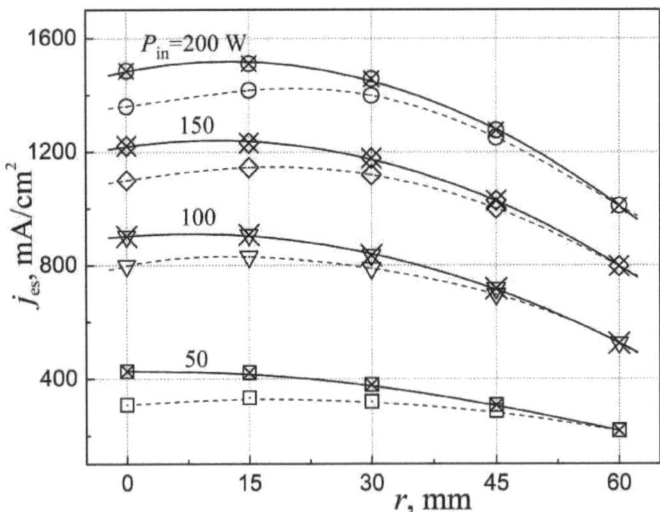

Fig. 73 Distribuições radiais corrigidas das densidades de corrente de saturação dos electrões *jes* (linhas sólidas) em comparação com resultados de medição distorcidos (linhas tracejadas)

Note-se que as distorções EEDF e os erros de medição causados pelo escudo protector da sonda-2 foram aqui apresentados no ponto especial $r = 60$ mm para determinar erros de medição para a sonda-1. Em princípio, pudemos encontrar tais erros para ambas as sondas porque no presente trabalho a sonda-2 teve a possibilidade de determinar distribuições radiais dos parâmetros de plasma na mesma secção transversal que a sonda-1. Mas as medições pela sonda-1 foram efectuadas com maior precisão porque foram as nossas acções de diagnóstico iniciais repetidas várias vezes nos mesmos pontos e depois foram publicadas em trabalhos [12, 13] e foram utilizadas para encontrar as possibilidades de expansão das medições da sonda [16, 17].

Os resultados do presente trabalho não podem ser considerados como a eliminação total dos erros de medição causados pelo escudo protector nu da sonda principal-1 porque no ponto especial a sua sonda de referência permaneceu em contacto com plasma que poderia gerar distorções de plasma semelhantes ao escudo protector da sonda nua. É por isso que RM 0,87 no ponto especial $r = 60$ mm poderia ser ligeiramente elevado na ausência deste elemento de sonda que poderia resultar em menos distorção EEDF e em valores um pouco mais elevados de parâmetros corrigidos. Mas isso não foi possível porque a sonda de referência era responsável pelo diagnóstico da sonda objectiva, que tinha sido sempre uma característica experimental muito importante.

Além disso, as dependências universais na figura 65 basearam-se nas interacções plasma-escudo da sonda-2 para a qual a sua peça de 17 mm foi posicionada na mesma secção transversal média do espaço de plasma e influenciou muito activamente as suas leituras. Mas a parte restante do seu escudo bastante longo estava localizada no fluxo de plasma a jusante, com diferentes formas de distribuição potencial de plasma. Por conseguinte, seria melhor posicionar todas as partes da sonda-2 adicional na secção transversal comum com a sonda-1 principal para determinar funções universais semelhantes às da figura 65. Tal possibilidade pode ser concretizada nas experiências futuras tendo posicionado a sonda-2 na secção transversal comum com a sonda-1 de plasma, como um exemplo na Fig. 74.

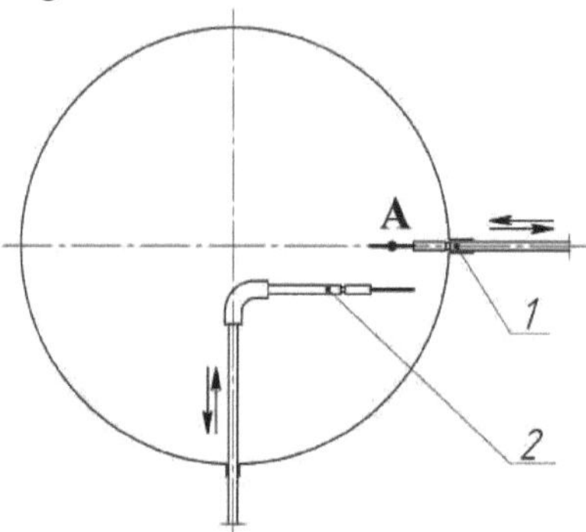

Fig. 74 Possibilidade de montagem de ambas as sondas numa secção transversal comum 1- sonda principal recta-1, 2- sonda adicional em forma de L-2

Mas na presente experiência, a sonda-2 em forma de L foi posicionada ao longo do eixo de descarga de gás que era necessário para o desenvolvimento do propulsor iónico.

II.3.3 Natureza física das distorções de plasma reveladas

A identificação das relações lineares entre as distorções do EEDF e o comprimento do escudo nu da sonda direita indicou que este efeito pode estar relacionado com alguma física particular das interacções plasma-escudo. Para compreender a sua natureza física, recorremos aos trabalhos anteriores dos autores [18-29] sobre o comportamento de corpos condutores em grande escala em contacto com plasmas. Alguns destes trabalhos [18-27] descobriram que tais corpos, representados por pastilhas de silício, foram expostos a um fenómeno de duplo circuito curto, de acordo com o senso comum físico dos autores. A correcção desta ideia foi provada pela disposição bem sucedida dos processos das pastilhas de silício no oxigénio RF contendo plasmas. A confirmação experimental directa deste fenómeno foi apresentada num relatório [27] que demonstrou a sua essência física e mostrou o clássico VAC de sonda dupla para um corpo metálico constituído por duas partes ligadas por um amperímetro e uma fonte de tensão contínua variável.

Mais duas obras [28, 29] foram dedicadas a medições de sondas em plasmas RF usando escudos de protecção de metal nu sob potencial flutuante. Mostraram qualitativamente que o fenómeno de curto-circuito de sonda dupla em tais escudos de sonda podia baixar o equilíbrio de ionização de plasma, diminuindo assim os parâmetros de plasma juntamente com a perda de energia eléctrica no escudo. Dado isto, foi interessante comparar a natureza física das interacções plasma-escudo para os escudos sob potencial flutuante [28, 29] e para aqueles sob potencial terrestre usados no presente trabalho.

Analisámos tais interacções usando a distribuição radial medida experimentalmente do potencial flutuante de plasma, *Vf(r)*, que é apresentada como gráfico 1 na Fig. 75.

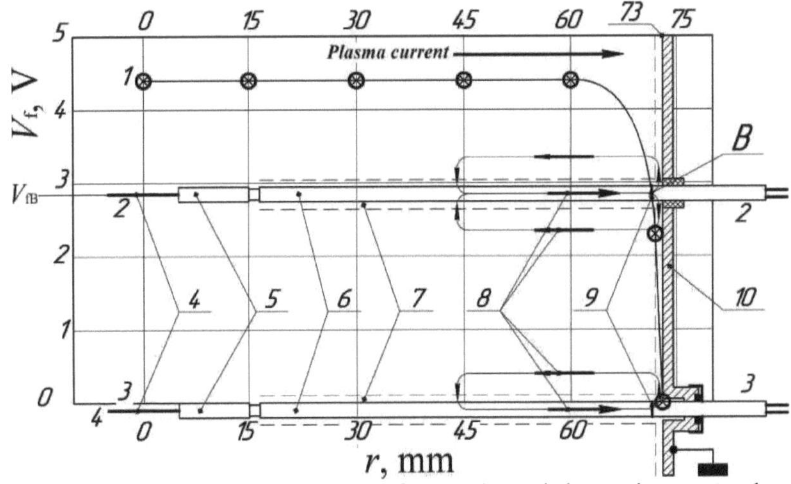

Fig. 75 Distribuição do *Jfr*. Radial em plasma de xenon interagindo com duas versões dos escudos das sondas nuas.
1- distribuição radial medida do potencial flutuante de plasma *Vfr)*, 2- sonda cilíndrica reta
com escudo de
protecção sob potencial flutuante, 3-
sonda cilíndrica reta
com escudo de protecção aterrado, 4- pontas de sonda de medição,
5-sondas de referência
, 6- escudos de sonda de protecção, 7- bainhas de carga espacial ao lado dos escudos de
sonda e parede GDC. 8- correntes de sonda de curto-circuito duplo, */SC.* 9- linhas

de estado estável que dividem as superfícies de recolha dos escudos das sondas descobertas. 10- Parede de GDC aterrada.

B- Ponto de intersecção do eixo da sonda $Vf(r)$-.

Os cinco pontos deste gráfico para $r = 0{-}60$ mm representam os resultados das medições das sondas rectas: $Vf = 4{,}39$ V $=$ Const. para todos os níveis de P_{ino}. O ponto $Vf = 2{,}35$ V, no limite da bainha do by-wall, foi determinado usando o simulador de plano de parede e permaneceu constante para a mesma gama de P-m [30], enquanto $Vf = 0$ correspondeu a $r = 73$ mm, a superfície interna da parede da câmara de vácuo aterrada.

A sonda cilíndrica recta 2 mostrada na Fig. 75 inclui a ponta da sonda 4, a sonda de referência 5, e o escudo protector nu 6, que é isolado da parede do GDC para operar sob potencial flutuante. Trabalhos anteriores [18-29] consideraram corpos condutores semelhantes, incluindo pastilhas de silício e corpos metálicos em grande escala imersos em plasma. Resultados experimentais [27] mostraram que, nesta situação, os corpos condutores de grandes dimensões funcionavam como sondas duplas assimétricas de curto-circuito. Isto significou que o potencial flutuante VfB (Fig. 75), que apresentava uma variação longitudinal insignificante do potencial do escudo metálico devido à sua elevada condutividade, foi estabelecido de forma consistente num nível determinado pela intersecção do eixo do escudo com a curva 1 no ponto B. Este ponto pertence à linha 9, que divide a superfície colectora do escudo em duas partes desiguais. Segundo a figura 75, a parte longa e esquerda do escudo (mais negativa que o plasma) recolheu iões com carga positiva, enquanto a sua parte curta e direita (mais positiva que o plasma) recolheu electrões negativos, formando um *ISC de* corrente em curto-circuito, que fluiu ao longo do caminho fechado 8 no escudo metálico e no plasma. A superfície colectora de tal "sonda dupla" auto-estabelecida é proporcional às diferentes mobilidades dos iões e electrões, tornando esta "sonda" assimétrica. Os trabalhos anteriores dos autores [18-29] mostraram que, se um corpo metálico de tal dimensão fosse orientado ao longo do plasma ou correntes de descarga, o ramo de plasma 8 da corrente *ISC* fluiria contra esta corrente, reduzindo-a assim, diminuindo o equilíbrio de ionização do plasma à volta deste corpo, e baixando todos os parâmetros do plasma. Para além deste efeito, o fluxo *ISC* no escudo iria aquecê-lo, aumentando a perda de energia eléctrica. Estas peculiaridades representam a natureza física das distorções do plasma causadas por corpos condutores em grande escala sob potencial flutuante em contacto com plasmas.

Na Fig. 75, a sonda cilíndrica recta 3 é mostrada como compreendendo o escudo da sonda nua sob constante potencial de terra que foi utilizado no presente trabalho. É evidente que a variação longitudinal do potencial do plasma em contacto com este corpo metálico sob potencial zero permite que os iões com carga positiva sejam recolhidos pelo escudo da sonda, o que é mais negativo do que o plasma. Na presente experiência, o fenómeno acima mencionado foi realizado de forma um pouco diferente. Tal como na versão anterior da sonda, a superfície longa e esquerda do escudo recolheu iões com carga positiva que entraram no escudo e arrastaram os electrões com carga negativa para o extremo oposto. Como resultado, uma diminuição da tensão através da bainha de carga espacial que estava ao lado da terminação do escudo na parede direccionou os electrões para a parte direita do escudo da sonda. Devido à elevada mobilidade dos electrões, esta parte do escudo era bastante pequena. Portanto, a linha de separação 9 da superfície colectora desta macro sonda foi fixada de forma autoconsistente para formar um *ISC de* corrente dupla de curto-circuito. Esta corrente resultou da deformação da bainha de carga espacial em torno da parte curta e direita da sonda 3, e também causou perturbações de plasma análogas às descritas acima.

II.4 Novas aplicações das sondas de Langmuir

II.4.1 Redução da influência dos escudos de protecção das sondas nuas nos resultados das medições

O diagnóstico preciso da sonda que foi arranjado utilizando a estação avançada de sonda VGPS-12 estimulou a procura de novas aplicações de diagnóstico de sondas Langmuir. Parece claro que os erros de medição apresentados na secção II.3.2 poderiam ter sido impossíveis se os escudos das sondas estivessem cobertos por revestimentos dieléctricos eliminando distorções de plasma. Mas quando os escudos das sondas permanecem nus devido a diferentes razões, então a presente experiência deve ser repetida por uma sonda-2 adicional no ponto especial com comprimento zero da sonda principal - 1 para refinar os dados do seu diagnóstico de plasma. Esta acção representou um método de correcção dos resultados do diagnóstico da sonda utilizando ferramentas com escudos de protecção nus em contacto com plasmas que consiste nos 6 passos seguintes.

a) Devem ser utilizadas duas sondas. A sonda principal-1 deve ser movida no espaço de descarga de gás, variando o comprimento do seu escudo no intervalo de lh = 0-lsh1m (até ao comprimento máximo do escudo). A sonda-2 adicional deve ter a possibilidade de repetir as medições da sonda-1 no ponto especial $lsh1$ = 0 com $lsh2$ ^ 0, $lsh2$ > lsh1m. É melhor posicionar ambas as sondas numa secção transversal comum do espaço plasma.

b) Com base nos resultados da medição da sonda, as distribuições espaciais dos desvios EEDF da função Maxwell devem ser determinadas sob a forma de rácios $(/esj*esM) = {}_{RM}$, utilizando os valores medidos de *jes* e os calculados com a fórmula $jesM = (1/4)ene(8eTe/nne)^{1/2}$. Para a sonda-1 o seu parâmetro $_{RM1m}$ máximo para $lsh1 = 0$ deve representar um único valor RM superior para a maioria dos níveis da potência de descarga de gás Pd.

c) As relações dos parâmetros da sonda medida $(x2/x1)$ para $x = {}_{Te,\ ne,}\ Vs,$ e *jes* e para vários Pd devem ser determinadas como funções do $_{RM2}$ no ponto especial $lsh1 = 0$.

d) As combinações de $(x2/x1)(_{RM2})$ dependências com o ponto $[(x2/x1)=1,$ $_{RM1m}]$ devem ser linearmente aproximadas resultando nas funções físicas gerais $(X2/X1)(RM)$.

e) As dependências $(X2/X1)(RM)$ e $RM(F)$ devem ser unidas para eliminar a variável intermédia RM e para obter $(x2/x1)(r)$ funções de correcção [na forma analítica as funções $_{RM}(r)$ devem ser inseridas nas dependências necessárias $(x2/x1)(_{RM})$].

f) Os dados iniciais de medição da sonda-1 $x1(r)$ devem ser divididos pelos rácios correspondentes $(x2/x1)(r)$ resultando nas dependências corrigidas $x1Corr(r)$.

Tais correcções são possíveis para os dados de medição da sonda obtidos por ambas as sondas se a sonda adicional-2 tivesse a forma L e medisse distribuições de parâmetros de plasma semelhantes às da sonda-1. Mas no presente trabalho as distorções EEDF e erros de medição causados pela sonda-2 adicional foram aqui analisados e processados apenas no ponto especial $r = 60$ mm para registar erros de medição para a sonda- 1 porque as suas medições foram efectuadas com muito mais precisão para publicações em [12, 13] e para a proposta descrita abaixo de possibilidades de expansão da medição da sonda [16, 17] com base nos seus dados.

As medições das sondas descritas no presente trabalho representam propriedades objectivas do plasma que eliminam a parte principal da influência negativa das sondas de protecção nuas contendo alguns pequenos erros causados pelas sondas de referência no ponto especial $(Zshi = 0, r = 60$ mm) que podem iniciar algumas distorções de plasma bastante fracas.

Segundo os nossos conhecimentos, este método representa uma nova decisão técnica que foi apresentada como um pedido de patente [31].

II.4.2 Determinação da espessura da bainha da sonda cilíndrica e da massa média de iões

No plasma isotrópico sem colisão com a EEDF de Maxwelian são válidas três relações físicas: o efeito Bohm, a lei de Boltzmann para o fluxo de electrões no campo de potencial eléctrico retardador e a lei "3/2 power" sob a forma da equação Child- Langmuir-Boguslavsky (CLB). Neste caso, parece possível determinar dois parâmetros físicos interessantes - massa iónica M_i e espessura da bainha da sonda. Nos trabalhos [16, 17] esta tarefa, brevemente mencionada acima, foi resolvida para sondas cilíndricas utilizadas para efectuar medições precisas de parâmetros de plasma de xenon em toda a gama de potência RFG P_{in} = 5CИ200 W utilizando parâmetros iniciais de plasma de xenon obtidos por sondas com escudos de protecção nus [12, 13].

O critério EEDF foi considerado na secção anterior mostrando que na presente instalação experimental no ponto especial *(z = 33 mm, r = 60 mm)* o EEDF de plasma correspondia à função Maxwell com bastante boa precisão de engenharia (~ 13%). Usando os parâmetros de plasma T_e, ne, e *jes* corrigidos acima, temos de verificar a correspondência de todo o espaço de descarga de gás para a função Maxwell. Para este efeito, as distribuições radiais $RMI(r) = jes//esMI)(r)$ para a sonda-1 foram calculadas utilizando dados corrigidos das Figs. 71, 72, e 73 e fórmula (4) para P_{in} = 5CU200 W. Os resultados desta acção são apresentados na Fig. 76.

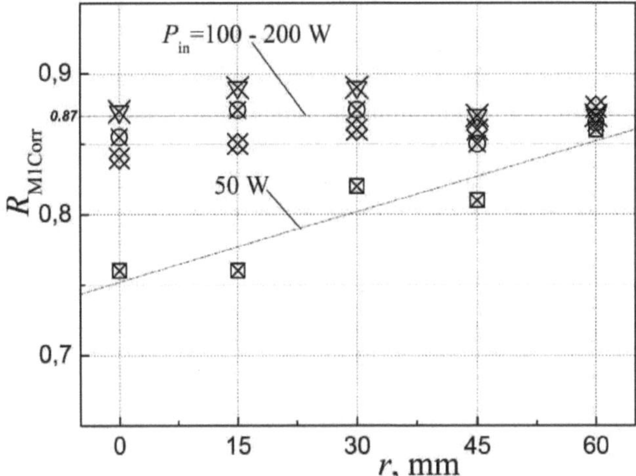

Fig. 76 Distribuição radial ^Micorr corrigida para a sonda recta-1 a *Pin* = 50-200 W.

Pode-se ver que os parâmetros de plasma corrigidos para P_{in} = 100^200 W elevaram o parâmetro $AMICorr$ para o nível $AM1$ - 0,87 o que provou que nestes parâmetros de descarga EEDF em todo o volume de plasma de xenon não perturbado estava bastante próximo da função Maxwell. Quanto a P_{in} = 50 W, no qual o plasma de descarga adsorveu apenas cerca de 38 W de potência RF, o seu

EEDF para a área central do espaço de descarga de gás desviou-se da substância Maxwelliana em mais de 20%. Este facto significa que a nossa intenção de expandir as possibilidades de diagnóstico da sonda para os plasmas Maxwellianos deve ser limitada ao nosso plasma de xénon em P_{in} não inferior a 100 W. Note-se que, de acordo com a influência acima mencionada da sonda de referência no ponto especial, os desvios reais do EEDF em relação à função Maxwell poderiam ser um pouco menores.

Para avaliar o carácter das interacções sonda electrónica é necessário determinar o caminho livre da média dos electrões no plasma de xenon da actual instalação experimental at$p = 2$ mTorr. Para esta tarefa temos de utilizar a fórmula $Ae=1/naQea^{(-1,V)}$ onde $_{na}$ é a concentração de átomo e $Qea^{(1,1)}$ é a secção transversal de difusão de electrões-atom integrada juntamente com o EEDF Maxwellian. De acordo com o diagnóstico integral acima descrito, verificou-se que o grau de ionização do plasma de xénon não era superior a 1% (ver a discussão das Figs. 24 e 25). Portanto, a concentração de átomo pode ser determinada usando a equação ideal do estado do gás $_{na}$ - p /kTa (onde k é constante de Boltzmann e $_{Ta}$ é temperatura do átomo). De acordo com [32] a temperatura do átomo no presente dispositivo deve ser próxima de $_{Ta\sim500}$ K para potência RF absorvida pelo plasma $Pp\sim100^\wedge150$ W. Este resultado ajudou a determinar a concentração média do átomo como $_{na\sim4\text{-}1013}$ cm-3 para a nossa pressão $p = 2\text{-}10\text{-}3$ Torr. A secção transversal da difusão dos electrões correspondeu à temperatura média dos electrões $_{Te}$ - 3.7 eV " 43000 K (figura 41) que resultou em

$Qea^{(1,1)}$ -33-10^{16} cm2 obtido por extrapolação de dados teóricos [7]. Depois descobriu-se que o caminho livre médio dos electrões era $A \sim 8$ cm que excedia todas as dimensões da sonda e caracterizava as interacções elétron-sonda como processos sem colisão.

A pressão de plasma acima mencionada $p = 2$ mTorr foi criada pelo fluxo de xenon $q=2$ sccm que na câmara de 146 mm de diâmetro interno forneceu uma velocidade média de fluxo de gás de cerca de $v\sim102$ cm/s. De acordo com a teoria cinética do gás para plasma em $_{Ta,i\sim500}$ K, como foi mencionado acima, a velocidade térmica aleatória atingiu $Va_{,i\sim3\text{-}104}$ cm/s que excedeu a velocidade do fluxo de gás em mais de 2 ordens de magnitude. Isto significa que o nosso plasma era bastante isotrópico. É por isso que as três relações físicas, o efeito Bohm, o Boltzmann e as leis de "potência 3/2", podem ser utilizadas para analisar as propriedades do plasma na actual unidade de descarga de gás.

De acordo com o efeito Bohm [33] entre a bainha de carga espacial da sonda e o plasma não perturbado forma-se uma camada transitória quase neutra onde os iões são acelerados em direcção a uma sonda que atinge velocidades $_{ve}=(2eTe/M)^{1/2}$ (aqui $_{Mi}$ é massa iónica e $_{Te}$ está em V) no limite da bainha da sonda.

Chegam a esta superfície com densidade de corrente iónica que, no caso de uma sonda cilíndrica sob potencial flutuante, pode ser escrita da seguinte forma

$$7\text{ifsh}=0.4e''_{\text{e}}(2\text{eTe/Ml})^{1/2} \tag{17}$$

onde 0,4=CBcyi é o coeficiente Bohm para uma sonda cilíndrica [33]. Tais sondas são mais populares entre os experimentalistas devido à sua simplicidade de concepção. É por isso que o presente trabalho é dedicado a tais sondas. Parece evidente que no caso da validade do efeito Bohm, a relação funcional do *jifsh* com a massa iónica M_i contém a principal possibilidade de análise da massa iónica do componente iónico do plasma.

A densidade de corrente de iões na superfície de recolha de uma sonda sob potencial flutuante *jif* pode ser encontrada através de *jes de* densidade de corrente de saturação de electrões usando a lei de Boltzmann *nef=ne0^xp(-AVf/Te)* onde *nef* é concentração de electrões na superfície de recolha de uma sonda sob potencial flutuante, $_{\text{ne0}}$ é concentração de electrões na superfície de recolha externa da bainha da sonda, queda de tensão na bainha de uma sonda sob potencial flutuante *AVf=Vs-Vf* e $_{\text{Te}}$ são expressos em Volts. Depois a sonda sob potencial flutuante recolhe a seguinte densidade de corrente de iões enquanto a corrente do circuito da sonda é igual a zero

$$jif=jef=jes\text{- exp}(-A\ Vf/\ Te) \tag{18}$$

Este parâmetro de medição que pode ser facilmente determinado a partir desta fórmula pode ser ainda utilizado na seguinte forma da fórmula Bohm (17) onde a razão das superfícies colectoras para uma sonda e para a superfície externa da bainha da sonda é escrita como a razão do raio da sonda *a* e o raio da bainha da sonda *R:*

$$jif(a/R)=7\text{ifsh-CBCyiene}(2\text{eTe/M})^{1/2} \tag{19}$$

Note-se que a diferença *R-a* entre estes raios determina a espessura da bainha da sonda *8=R-a* que pode ser usada para controlar a correcção das teorias de medição das sondas para interpretação da medição das sondas. Denotando *R/a-x* e nomeando *xCBCyl - KBCyl* como coeficiente combinado Bohm, obtemos a versão da fórmula Bohm contendo a densidade de corrente iónica medida *jif:*

$$j1f\text{-}xCBCylene(2eTe/M1')^{1/2\text{-}KBCylene}(2eTe/Mi')^{1/2} \tag{20}$$

Esta expressão contém três variáveis desconhecidas: razão rádio x - R/a, coeficiente Bohm $CBCyl$ a ser confirmado experimentalmente, e massa iónica Mi para plasma com parâmetros previamente medidos Te, ne, e jif.

Para encontrar estas três variáveis desconhecidas, são necessárias mais duas equações independentes. Mas para além da fórmula Bohm, estas variáveis estão relacionadas apenas com mais uma equação - a lei "3/2 potência" que sob a forma de equação CLB para uma sonda cilíndrica sob potencial flutuante pode ser escrita da seguinte forma [34]:

$$jif\text{-}(4\pounds0/9)(2e/M1)^{1/2}(JDf3/2/a2XCLB^{\wedge}L) \tag{21}$$

onde $\pounds0$ - $8,8542\text{-}10\text{-}12$ F/m é a permissividade dieléctrica do vácuo e AL é o parâmetro Langmuir sem dimensões dependendo de x - R/a [34]. Parece evidente que o sistema de duas equações (20) e (21) com três variáveis não pode ser resolvido com valor único.

A proposta do presente trabalho que foi inicialmente publicado em [16] é organizar a solução desta tarefa em duas fases onde cada modo de sistema de duas equações (20) e (21) deve conter duas variáveis que podem ser encontradas sem dificuldades.

Na primeira fase tem de ser realizada uma experiência especial utilizando gás plasma formador de alta pureza em câmara de vácuo sem óleo, ou seja, com a conhecida massa iónica Mi. Depois, a partir da equação (20), podem ser determinados os valores experimentais do coeficiente combinado Bohm $KBCyl$ e a solução do sistema de equação (20)-(21) pode resultar na avaliação da espessura da bainha da sonda $dCLB\text{-}RCLB\text{-}a\text{-}a(xCLB\text{-}1)$ no âmbito do modelo CLB de bainha da sonda. Esta operação é designada aqui como avaliação porque o modelo CLB da bainha da sonda implica a ausência total de electrões na bainha. Mas na presente experiência, a EEDF medida atingiu energias de electrões $\pounds max$ que ultrapassaram numericamente os limites energéticos da bainha da sonda $eAVf$, de modo que os electrões foram capazes de penetrar na mesma. Abaixo será mostrado como corrigir os parâmetros CLB para se aproximar da realidade física e transformá-los nas propriedades medidas. A determinação dos valores x experimentais corrigidos resultará na determinação do coeficiente $CBCyl$ de Bohm medido utilizando coeficientes de Bohm experimentais combinados $^{\wedge}BCyl$-

Em seguida, o parâmetro $CBCyl$ confirmado experimentalmente permite a realização da segunda fase da solução de tarefa actual. Utilizando o valor experimental do coeficiente $CBCyl$ de Bohm, o sistema de equação (20)-(21) pode ser resolvido e após correcção física de $xCLB$ em x o valor medido da massa iónica

Mi pode ser obtido a partir da fórmula (20):

$$Mi=2e3CBCyl2\text{-}(x2He2re/jif2)$$ (22)

II.4.2.1 Formato prático desta nova possibilidade

A solução da tarefa proposta pode começar com a preparação dos dados de medição para a experiência especial utilizando a sonda recta em plasma de xenon de alta pureza, 99,9999%. Para determinar a densidade de corrente iónica de uma sonda sob potencial flutuante *jf* usando a equação (18) é necessário preparar dados sobre a sonda

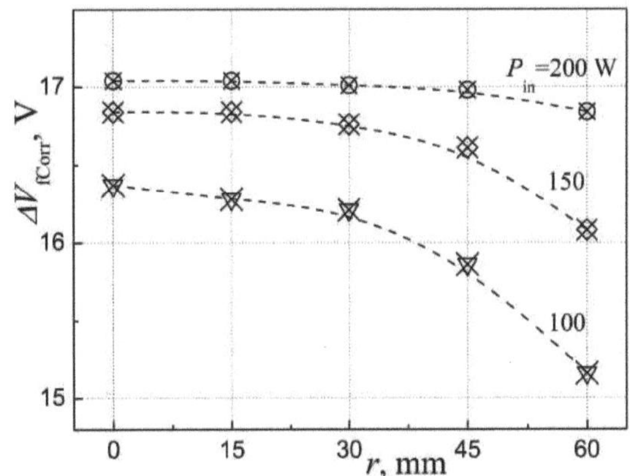

Fig. 77 Distribuições radiais de quedas de tensão corrigidas nas bainhas de uma sonda sob potencial flutuante a diferentes níveis de *Pino* = 100-200 W

Os valores corrigidos da distribuição da densidade da corrente de saturação dos electrões *jes(r)* foram tirados da Fig. 73. Depois foram calculadas as densidades de corrente iónica similares *jif(r)* a uma sonda sob potencial flutuante usando a equação de Boltzmann (18). Os resultados destes cálculos são mostrados na Fig. 78.

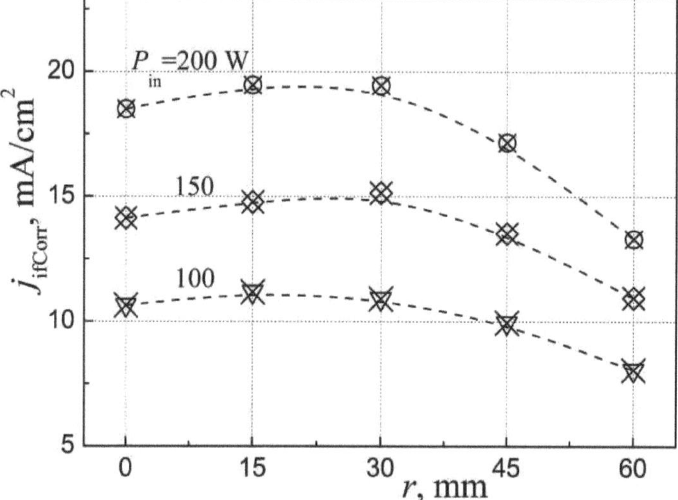

Fig. 78 Distribuições radiais de densidades de corrente iónica corrigidas para uma sonda sob potencial flutuante a diferentes níveis de *Pino*

Igu. (20) foi utilizado para calcular os valores experimentais do coeficiente de Bohm da articulação *XBCylCorr*. Os resultados destes cálculos são apresentados na Fig. 79 onde ^BCylCorr pontos são mostrados por círculos na sua dependência do Pin.

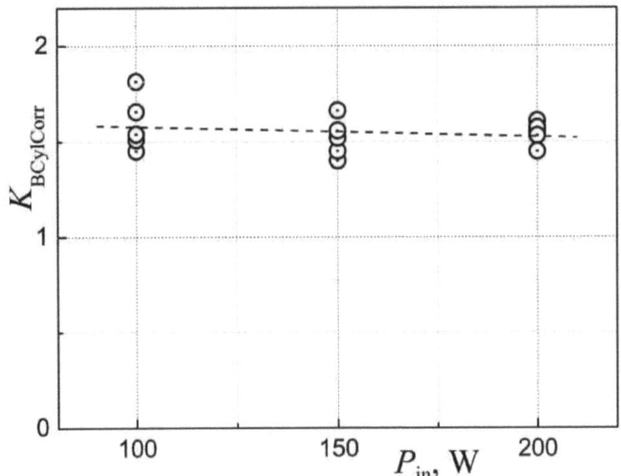

Fig. 79 Coeficiente conjunto Bohm

Estes valores ^BCyicorr foram calculados usando parâmetros de plasma corrigidos retirados das Figs. 70, 71, e 77. A sua dependência do P_{in} foi aproximada pela linha recta tracejada. O passo seguinte implica a determinação dos rádios x = RZa relacionados com estes valores de $KBCyl$. A solução conjunta de Equs (20) e (21) deu a expressão para $xCLBAL$ correspondente ao modelo CLB da bainha

$$x_{CLB}A_1 = (4\varepsilon_0/9)\, \Delta V_i^{3/2}/K_{BCyl}a^2 en_e T_e^{1/2} = 2.4564 \cdot 10^7 \Delta V_i^{3/2}/K_{BCyl}a^2 n_e T_e^{1/2} \qquad (23)$$

da sonda:

A dependência $xCLBAL=/(xCLB)$ foi determinada usando valores AL para a sonda cilíndrica tabelada em [34] e aproximando-os bastante preciosamente pela equação cúbica para a gama $XCLB= 1,1+3,3$:

A unificação de (23) e (24) expressões resultou na seguinte equação:

$$x_{CLB}A_1 = 0.5667x_{CLB}^3 - 0.5847x_{CLB}^2 - 0.5233x_{CLB} + 0.537 \qquad (24)$$

$$0.5667\text{XCLB3} - 0.5847\text{XCLB2} - 0.5233\text{XCLB} + 0.537 - 107df2ZKBCylCorra4Te1Z2 = 0 \qquad 2.4564-$$

$$(25)$$

Foi resolvido usando pontos experimentais de $KBCylCorr$ retirados da Fig.

79. Os resultados destes cálculos são apresentados na Fig. 80 contendo os pontos

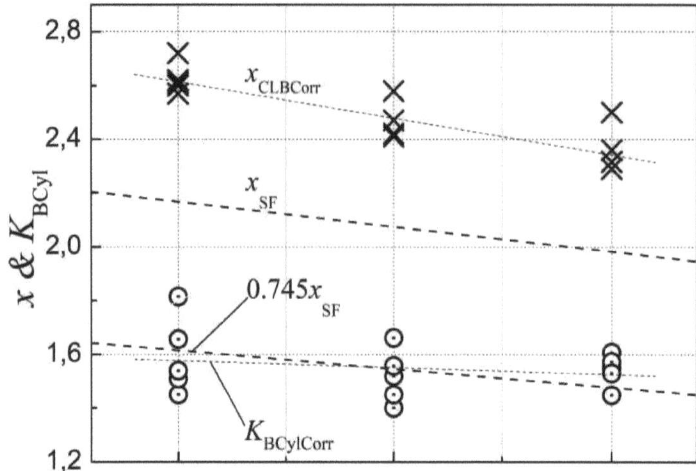

de avaliação corrigidos xcLBCorr juntamente com os dados experimentais *do KBCylCorr* previamente mostrados.

$$100 \quad 150 \quad _n \quad 200$$

^em> W

Fig. 80 Rácios corrigidos *XCLBCOIT*, coeficientes conjuntos de Bohm ^BCyieorr, , e *xsFCorr* vs *Pm*

A sua aproximação linear, denotada pelo nome xcLBCorr, corresponde à função

$$xcLBCorr = 2,9-0,0028Pin \tag{26}$$

Note-se que na presente experiência as tensões da bainha da sonda não excederam 17 V que podem ser vistas na Fig. 77, enquanto que, de acordo com a Fig. 40, o limite superior das energias dos electrões podia atingir cerca de 25 eV que lhes permitiam penetrar na bainha da sonda e diminuir a sua espessura compensando fraccionadamente os campos iónicos.

Situação semelhante ocorreu em [35] onde foram estudados parâmetros de plasma de árgon usando uma sonda de pinos de cabelo para a qual o conhecimento da espessura real da bainha da sonda era muito importante. É por isso que os autores deste trabalho propuseram correcções das avaliações $xCLB$ utilizando o chamado modelo de bainha de sonda "step-front", segundo o qual alguns electrões poderiam entrar na bainha da sonda. Tal correcção pode ser feita utilizando a dependência $XSF=f(XCLB)$ retirada de [35] na gama $XCLB$ = 1,4-3,6, tal como apresentado na Fig. 81.

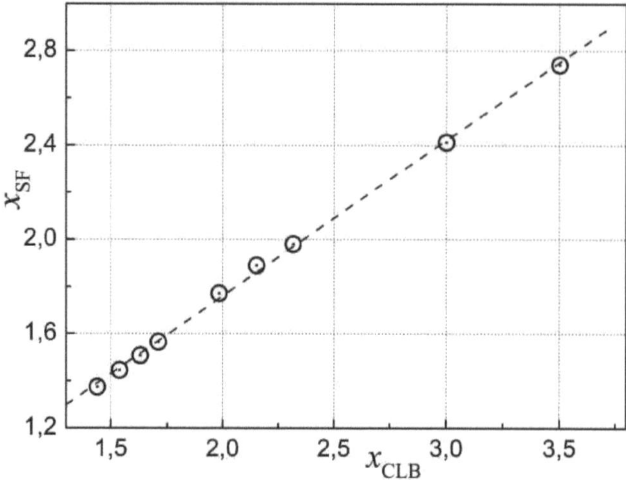

Fig. 81 Dependência de *XSF* em *XCLB* de acordo com dados de [35]

A aproximação linear destes dados corresponde à função

$$XSF=0,662\text{-V. №,'}0,433 \tag{27}$$

Como pode ser visto na Fig. 81, esta expressão proporciona alguma redução de *XSF EM* comparação com *XCLB*. A correcção da dependência de avaliação acima apresentada xcLBCorr(^in) resultou na linha recta *xsF*(Pin) que foi obtida por exclusão da variável intermédia *XCLB* inserindo a expressão (26) em (27):

$$XSF=2,353 - 0,001854\text{Pin} \tag{28}$$

Esta dependência é apresentada na Fig. 80 pela linha tracejada sob o nome *XSF*. Esta linha é posicionada sobre a dependência ^BCylCorr(^in). Recordando que /< *BCA* = xCBcyl, torna-se claro que o coeficiente Bohm CBCYl deve ser inferior à unidade. Representa um valor universal que deve baixar a dependência *xsF(Tm)* para a sobrepor à função ^BCylCorr(Pin). Na Fig. 80 é demonstrado por linhas tracejadas inferiores que esta operação é possível com o coeficiente Bohm *CBCylCorr* = 0,745 [aqui a linha tracejada pesada representa a função 0,745xSF(*P;* n) e a linha fina é o resultado da aproximação linear da dependência ^BCylCorr(*Rin*) e parecem estar bastante próximas uma da outra].

Para verificar este valor, os pontos experimentais *XBCylCorr* foram divididos pelos significados correspondentes da função (28). O resultado desta

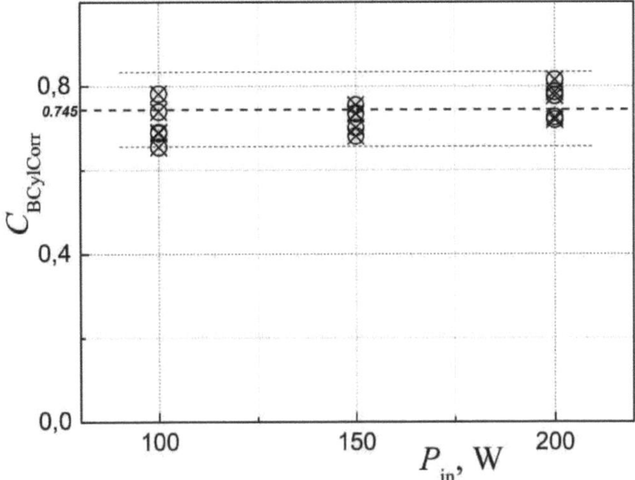

Fig. 82 Coeficiente Bohm dependente da potência RFG

operação é apresentado na Fig. 82.

A linha tracejada *CBCylCorr* = 0,745 = Const mostra que este valor do coeficiente Bohm foi confirmado por medições na experiência especial com uma margem de erro de cerca de ±12%.

Note-se que em [17] o processamento semelhante dos dados iniciais (não corrigidos) da experiência especial [12, 13] resultou no coeficiente Bohm *CBCylCorr* = 1,23, quase duas vezes superior ao parâmetro do presente trabalho, embora as correcções das propriedades plasmáticas necessárias não fossem tão significativas: T_e - < 6%, ne - < 6%, e jes - < 12% (ver Figs. 66, 67, e 69).

Depois de refinado o coeficiente Bohm, podemos finalmente formular a segunda e última fase do método aqui proposto de medição da espessura da bainha da sonda e da massa média de iões no processo de uma experiência geral:

1) Se o plasma EEDF for desviado da função Maxwellian em não mais de 15%, então para o coeficiente Bohm *CBCyl=0,745* expressão (23) pode ser reescrita como:

$$XCLB2 \text{ Љь}=3.2972-^{107JEf3/2/a2neTe1/2} \tag{29}$$

2) Dados tabelados [34] para AL determinam a dependência numérica ^clb2Al=/(^CLB) de uma forma que com boa precisão foi aproximada por

polinómio cúbico para $XCLB=1.1$-3.2:a ombinação de (29) e (30) determinou a

$$x_{CLB}^2 A_1 = 4.1652x_{CLB}^3 - 14.784x_{CLB}^2 + 18.605x_{CLB} - 8.114 \qquad (30)$$

equação para $xCLB$:

$$4.^{1652xCLB3} \quad -14.784xCLB2 + 18.605xCLB \quad -8.114 - 3.2972 - 107AG3/2/a4Te1/2 = 0$$

(31)

que podem ser resolvidos com bastante facilidade utilizando "calculadoras em linha" descartáveis em vários websites.

3) Quando $AVf < £m$- energia máxima de electrões de plasma, os dados xclb avaliados devem ser corrigidos usando a fórmula (27) para determinar xsf e calcular as espessuras reais da bainha da sonda $3=RSF-a=a(xSF-1)$ que podem ser usadas para verificar a correcção da teoria para a interpretação da medição da sonda.

4) O coeficiente Bohm corrigido $CBCyiCorr=0,745$ também mudou a fórmula (22) para a determinação da massa iónica:

Para uma mistura de gás propulsor este parâmetro representa a massa iónica média e para um único gás de natureza definitiva mostra o grau da sua pureza ou o nível da sua contaminação por vazamento de ar para uma câmara de vácuo.

Este método de diagnóstico de sondas representa uma nova decisão técnica que já foi protegida pela patente [36].

II.4.3 Avaliação da densidade da corrente de iões para um eléctrodo de extracção de iões de um propulsor iónico

Mais uma possibilidade de diagnóstico de sonda de plasma está ligada à avaliação da densidade da corrente de iões a uma parede sob potencial flutuante. O conhecimento desta corrente para um eléctrodo de extracção de um propulsor/fonte de iões é muito importante para cálculos correctos e desenvolvimento de células aceleradoras de IEG e para determinação das características integrais do dispositivo iónico, como o custo de energia de um ião ou a eficiência do consumo de propulsores.

De acordo com um método padrão bem conhecido [3, 34], este estudo poderia ser realizado utilizando IEG próximo da realidade com um conjunto de sondas de parede plana fixadas no eléctrodo de extracção de iões sem violação da sua resistência dinâmica de gás para deixar a pressão de plasma do modelo RIT sem alteração. No caso de dificuldades com o isolamento da sonda, o eléctrodo extractor de IEG poderia ser substituído pelo seu imitador dieléctrico por um

$$M_\mathrm{i} \approx 1.11 e^3 x_\mathrm{SF}^2 n_\mathrm{e}^2 T_\mathrm{e}/j_\mathrm{if}^2 \qquad\qquad (32)$$

conjunto de sondas de parede plana e com perfurações que proporcionassem a sua necessária resistência dinâmica de gás. A preparação e a realização de tal experiência levaria bastante tempo e recursos consideráveis.

No presente trabalho, propõe-se a realização desta experiência sem utilização de um eléctrodo extractor de iões ou do seu imitador dieléctrico. Em vez deles, foi utilizada uma peça relativamente pequena de parede dieléctrica localizada feita de cerâmica com sonda de parede plana, sob a forma de um dispositivo radialmente móvel. Este simulador de sonda de parede plana podia proporcionar uma influência estável da parede sobre o plasma em qualquer posição radial, para que as propriedades do plasma neste local especial pudessem ser determinadas pela sonda plana Langmuir rodeada pela superfície cerâmica.

Esta ideia de um simulador de sonda de parede plano móvel foi realizada sob a forma de um rabo plano de uma haste de cerâmica com pelo menos dois canais internos [30] com fios metálicos inseridos neles. A extremidade de um fio serviu como superfície colectora de uma sonda plana com flash fixo com o rabo da haste. Em contacto com o plasma, deveria formar-se uma bainha de parede em estado estável ao lado desta superfície porque o tamanho da superfície cerâmica em redor da sonda plana era muito maior do que a superfície colectora da sonda (por ~10 vezes na presente experiência). Para uma uniformidade azimutal do ambiente dieléctrico da sonda, seria melhor fixar uma sonda plana no eixo da haste. Mas até agora não foi possível encontrar tal haste de cerâmica. O segundo fio foi retirado da haste e dobrado de volta para ser prensado com fita de alumínio de 10 mm de largura que serviu como sonda de referência para ser ligada à estação de sonda VGPS-12 juntamente com a sonda de medição.

No presente trabalho foi utilizada uma haste cerâmica de 5 mm de diâmetro externo com dois canais de 1,5 mm de diâmetro. Nestes canais, fios de cobre com os mesmos diâmetros foram firmemente inseridos. Um deles foi utilizado como sonda plana de 1,5 mm de diâmetro no rabo da haste, enquanto outro foi ligado à sonda de referência sob a forma de pinça de folha de alumínio. Folha de alumínio semelhante rodeava a área de descanso da superfície externa da haste e servia como uma tela aterrada que era fixada ao lado da sonda de referência com 1,5 mm de intervalo. O desenho deste simulador de sonda de parede plana é mostrado na

Fig. 83.

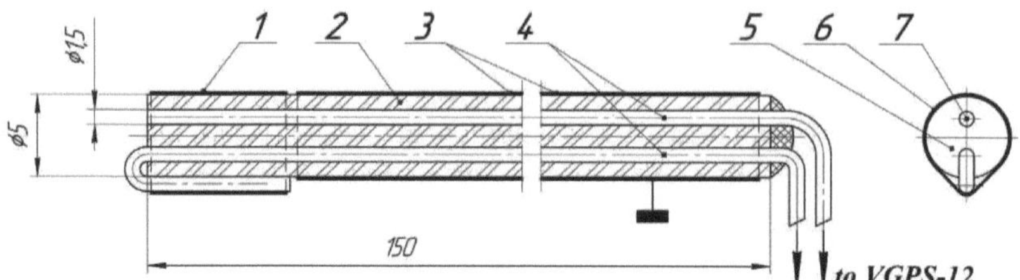

Fig. 83 O desenho do simulador de sonda de parede plana.

Pode-se ver que a superfície colectora da sonda plana estava não uniformemente rodeada por uma superfície cerâmica. Isso significa que a localização da sonda neste dispositivo foi deslocada do centro do rabo da haste por cerca de 1 mm que desordenou a uniformidade azimutal do efeito "parede" ao lado da sonda plana. Talvez esta falha possa ser evitada em experiências futuras.

O exemplo de resultados de medição de sonda plana para potência RFG incidente *Pg=200* W na posição radial média *r=30* mm na forma de visor VGPS-12 é apresentado na Fig. 84.

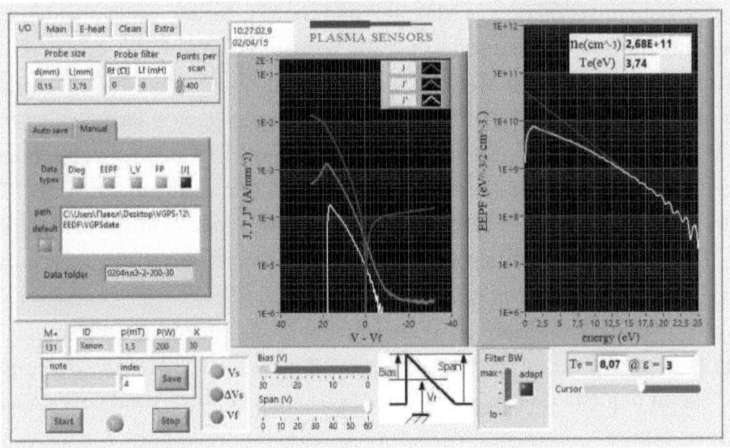

Fig. 84 Visor VGPS-12: simulador de sonda de parede plana que funcionava a *r=30* mm, Pin=200 W.

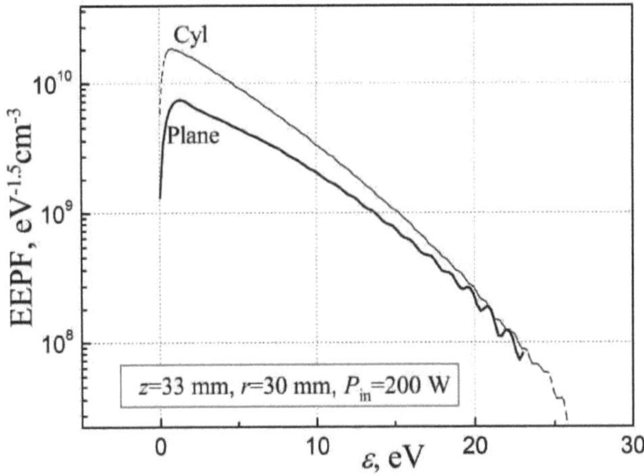

Fig. 85 EEPFs obtidas pelo simulador de sonda de parede plana e pela sonda cilíndrica a *z=33* mm, *r=30* mm, e Pin=200 W

A diferença qualitativa de duas funções pode realmente ser vista aqui de forma bastante clara. Prova que no espaço de by-wall, formado pela superfície cerâmica em torno da sonda de parede plana, a EEPF é menos linear quando comparada com a do plasma não perturbado que foi considerado aproximadamente próximo do gás Maxwellian [16, 17]. Assim, esta consideração qualitativa mostra que o plasma de by-wall ao lado do simulador da sonda de parede parece uma substância não-maxwelliana. Esta conclusão é bastante grave porque a qualidade do registo EEPF na presente experiência é suficientemente elevada: o intervalo ΔVp entre o ponto s=0 e o máximo EEPF obedece certamente à desigualdade $\Delta Vp<T$ que é a evidência da precisão de medição EEPF [8]. De facto, para a sonda cilíndrica $\Delta Ep=0,75$ eV e para o plano um $\Delta VP\sim1,3$ eV enquanto $T\sim4$ eV, o que significa que a resistência do circuito da sonda é muito inferior à resistência diferencial mínima da sonda $Rpo=Te//es\sim100$ Ohm ($Te\sim4$ eV, $Ies\sim0,04$ A) [8]. Esta situação é a consequência da utilização da sonda de referência que, para além da eliminação da componente RF da tensão da bainha da sonda, exclui a queda de tensão no circuito da sonda entre a sonda e a estação VGPS-12.

De acordo com a nossa proposta [12, 13], a avaliação EEPF pode ser feita comparando quantitativamente *os jes da* densidade experimental da corrente de saturação de electrões com o valor teórico deste parâmetro, calculado usando a fórmula clássica para o plasma isotrópico Maxwelliano usando parâmetros de plasma medidos. Como resultado, no plasma de by-wall a razão *jes/jesM* atingiu apenas cerca de 0,5, o que mostra um desvio substancial da EEPF real da função Maxwelliana. Portanto, o plasma ao lado da superfície do rabo da haste de cerâmica é uma substância não Maxwelliana onde a lei Botzmann não é válida.

A influência desta situação sobre o conjunto completo de parâmetros de plasma medidos em plasmas de parede e não perturbados é mostrada na Fig. 86÷89.

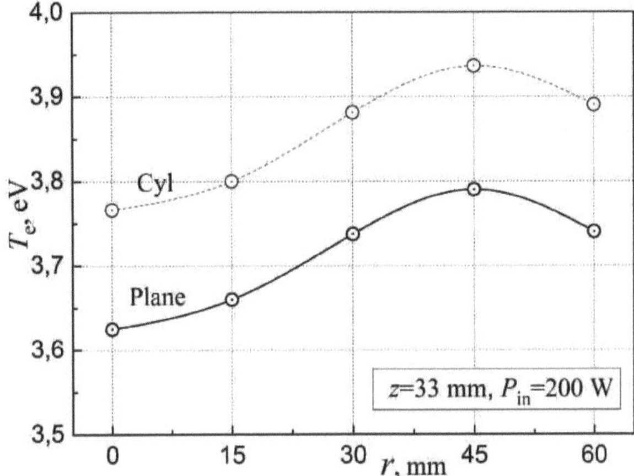

Fig. 86 Distribuições radiais de T_e para dois tipos de sondas

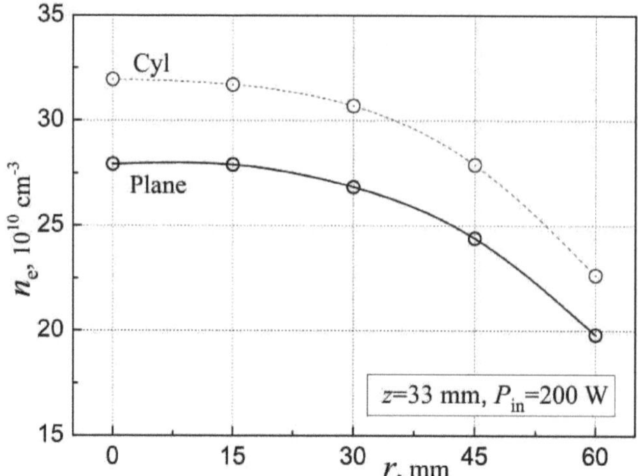

Fig. 87 Distribuições radiais de *ne* para dois tipos de sondas

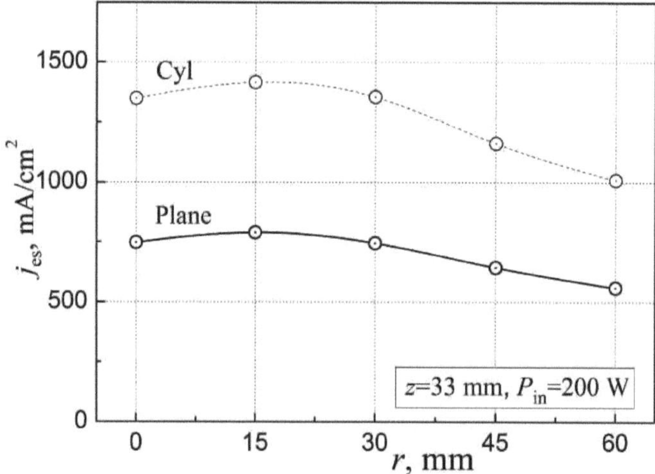

Fig. 88 Distribuições radiais de jes para dois tipos de sondas

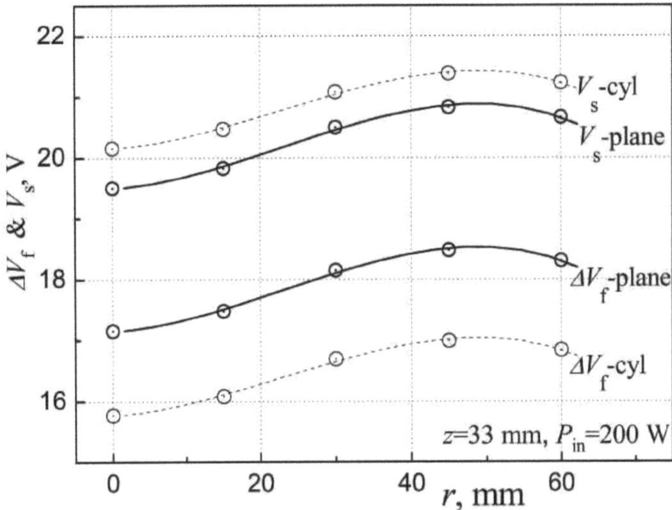

Fig. 89 Distribuições radiais dos potenciais de sondas Vs e ΔVf para dois tipos de sondas

Nestas figuras, linhas finas mostram os dados obtidos pela sonda cilíndrica para serem comparados com os resultados das medições das sondas planas representadas por linhas pesadas. Analisando estas dependências é preciso ter em mente que os potenciais flutuantes em dois tipos de plasmas eram diferentes: no plasma não perturbado a sonda cilíndrica mostrou $VfCyl$=4,39 V = Const. e no plasma de by-wall ao lado do simulador de sonda de parede plana $VfPl$=2,35 V = Const.

A consideração da transição da área de plasma não perturbada para o espaço de by-wall mostra que os parâmetros Te, ne, jes e Vs diminuíram, enquanto que as diferenças de potencial ΔVf aumentaram porque para a sonda plana o potencial flutuante $VfPl$ era cerca de duas vezes menor do que o $VfCyl$. Estes factos reflectem distorções dos parâmetros de plasma no espaço de by-wall, cujo factor principal é a recombinação de partículas carregadas num simulador de parede no processo da sua difusão ambipolar do plasma não perturbado para o simulador de parede plana. Portanto, o plasma do by-wall revelou-se uma substância bastante não-maxeliana onde a lei Bolzmann não era válida e a sua utilização para avaliação da densidade de corrente iónica numa parede sob potencial flutuante deveria ser incorrecta.

Devido a esta razão, a avaliação da densidade da corrente iónica para uma parede sob potencial flutuante, que é o objectivo desta secção, só é possível através da extrapolação dos ramos iónicos dos VACs da sonda plana para um potencial de sonda flutuante V=$VfPl$. Normalmente, os ramos de iões longos da sonda parecem lineares, o que determina a forma da sua extrapolação para $V=Vf$. No trabalho [37], tal extrapolação foi recomendada para VACs semi-logarítmicos e bi-logarítmicos, porque esta forma de extrapolação linear dos ramos iónicos dos VACs tinha alguma base teórica definida. Seguindo esta recomendação, no presente trabalho os ramos iónicos dos VACs semi-logarítmicos do simulador de sonda de parede, que foram mostrados acima na exibição da estação de sonda VGPS-12 (Fig. 84 - curvas superiores na janela esquerda), foram extrapolados

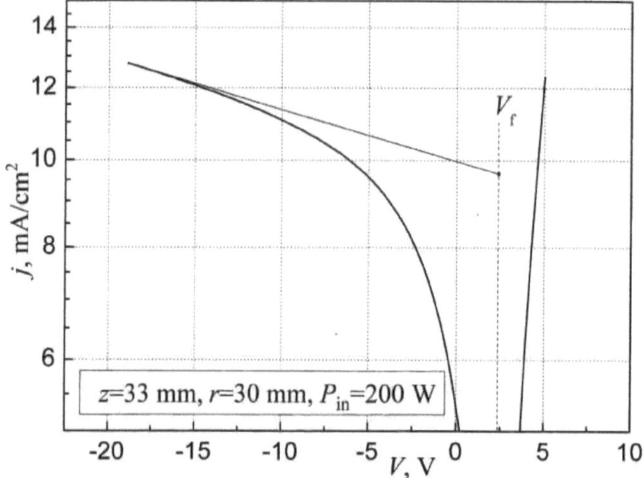

linearmente para um potencial flutuante. Um exemplo deste tipo de processamento VAC semi-logarítmico para a sonda plana a $r=30$ mm e potência incidente RFG, $Pg=200$ W é mostrada na Fig. 90.

Fig. 90 Um exemplo de extrapolação de ramo iónico para VACs semi-logarítmicos do simulador de sonda de parede plana

Este procedimento resultou em $jf9$ mA/cm2. O que é interessante, a mesma densidade de corrente de iões foi obtida usando ramos de iões de VACs de duplo logaritmo - ver fig. 91.

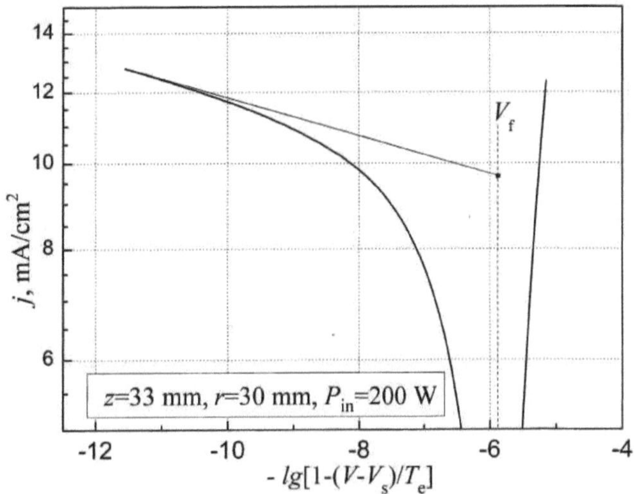

Fig. 91 Um exemplo de extrapolação de ramo iónico para VACs de duplo logaritmo do simulador de sonda de parede plana

Esta situação foi possivelmente causada por comprimentos bastante pequenos de tangentes de extrapolação dos ramos iónicos dos VACs para os potenciais *Vf* flutuantes. Em [37], atingiram muito mais tempo o potencial *Vs do* espaço plasmático, onde as densidades de corrente de saturação iónica *jif* obtidas de ambos os tipos de VACs diferiam bastante.

Tais extrapolações foram efectuadas em todas as posições radiais. Resultaram na distribuição radial completa do $j_{if}(r)$ para a sonda plana em $P_{;\,n=200}$ W (linha pesada) apresentada na Fig. 92.

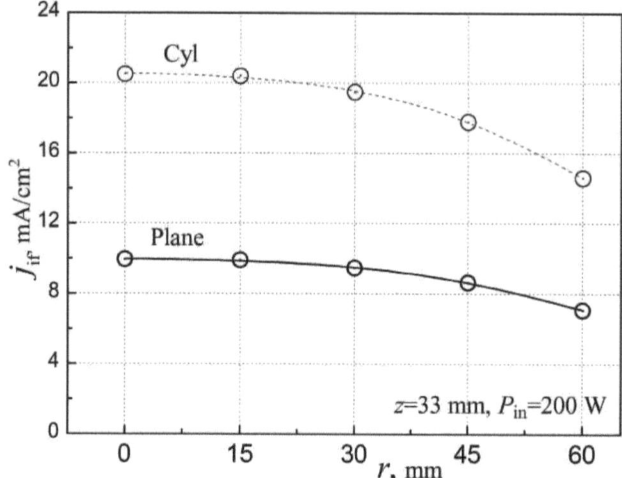

Fig. 92 Comparação das densidades de corrente iónica obtidas por sondas cilíndricas e planas

Demonstra uma uniformidade de plasma bastante boa em frente à extracção do
RIT-10F

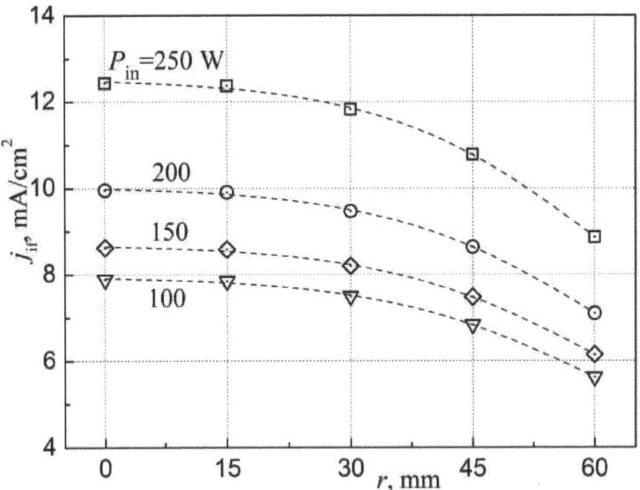

Fig. 93 Densidade da corrente de íons no simulador de parede plana em Pin=100^250 W

Esta figura demonstra uma relativa uniformidade espacial da densidade de
corrente de iões no nosso modelo RIT que parece bastante boa e pode ser feita
muito melhor se a abertura central da bobina da antena pudesse ser ampliada
seguindo o protótipo do nosso modelo [3] onde a abertura relativa era *d/D-0,62*
enquanto no modelo actual esta relação era duas vezes menor. Devido a esta razão,
o valor central da densidade de corrente de iões em [3] era visivelmente inferior
a este parâmetro na posição radial média. Quanto às previsões *jfr)* até agora
obtidas para o eléctrodo IEG extractor do modelo RIT, a sua correcção foi
confirmada com o erro de cerca de +30% [38].

Segundo os nossos conhecimentos, este método de diagnóstico de sondas
planas também representa uma decisão técnica inovadora que foi arquivada como
pedido de patente [39].

Discussão dos resultados das medições

Os diagnósticos integrais dos dispositivos ICP caracterizam a sua forma físico-técnica geral que inclui a sua concepção e engenharia de circuitos das linhas de alimentação de descarga ICP. Além disso, cria a base para diagnósticos de plasma locais subsequentes que é muito importante para o seu desenvolvimento eficaz e simultaneamente mostra possíveis formas de aumentar a sua eficiência energética.

As novas possibilidades aqui propostas de diagnóstico de sondas de plasma ajudaram ao seu desenvolvimento futuro. No exemplo acima mencionado [15] as medições das sondas consistiram em duas fases. Inicialmente, o chumbo da sonda foi posicionado no canal de uma haste de cerâmica nua e, nesta situação, os VACs da sonda foram terrivelmente perturbados sem medições normais de parâmetros de plasma. Para a segunda fase, esta haste foi revestida por película protectora de cobre, o que permitiu o registo dos VACs clássicos da sonda e a determinação dos parâmetros de plasma. O presente trabalho propôs uma terceira fase para tais medições, a fim de eliminar a influência negativa dos escudos protectores das sondas descobertas.

O presente trabalho mostrou que perturbou os parâmetros de plasma proporcionalmente ao comprimento do escudo. Para compreender a realidade desta situação, pudemos avaliar a corrente I_{SC} no escudo da sonda e no plasma à sua volta e compará-la com a corrente média da descarga indutiva $I_P \sim$ 2-3 A [13]. A consideração da sonda experimental VACs da sonda recta com um escudo de 1,6 mm de diâmetro e até 56 mm de comprimento resultou em $I_{SC} \sim$ 28-56 mA (para os pontos iniciais dos ramos iónicos dos VACs da sonda com densidades de corrente iónica $\sim$10-4A/mm2). Esta sonda foi localizada a $z = 33$ mm da superfície interna da janela de quartzo. A corrente de descarga neste local deve ser aproximadamente uma ordem de magnitude inferior à corrente de descarga média (ou seja, cerca de 0,2-0,3 A). Portanto, o I_{SC} à volta do escudo da sonda recta era apenas uma ordem de grandeza inferior à corrente de descarga local I_P. É por isso que os EEDFs de descarga de plasma podiam ser bastante sensíveis ao I_{SC}, o que foi definitivamente reflectido pelos resultados da presente experiência. Quanto à sonda L, a superfície colectora do seu escudo protector era mais longa e foi posicionada longe da janela de quartzo. É por isso que as suas distorções EEDF eram muito mais profundas em comparação com as da sonda recta.

Ao discutir os resultados do presente trabalho, o nosso consultor-chefe, Prof. V. Godyak, supôs que uma das razões para as discrepâncias no diagnóstico das sondas poderia ser algum componente RF perceptível do potencial $_{fr}$ flutuante de plasma, que, nesta experiência, não foi medido devido a razões

organizacionais. É bem conhecido que este parâmetro pode causar graves distorções dos VACs da sonda, resultando em erros de medição da sonda [8]. Durante a preparação da presente experiência, seguimos as principais características das instalações do V. Godyak [3], utilizando bobina de antena planar reforçada por núcleo de ferrite. Neste trabalho f_R foi medida na vasta gama de frequências de condução, incluindo a nossa $f = 2$ MHz, para a potência RF absorvida pelo plasma $PP = 100$ W (que, nas nossas instalações, correspondeu a $_{Pin} \sim 120$ W) e para a gama de pressão de plasma $p = (11000)$ mTorr. De acordo com [3] para $p = 2$ mTorr, este parâmetro era aproximadamente $HfRF \sim 0,4$ V, que era muitas vezes inferior à temperatura média dos electrões $_{Te} \sim$
3.5 eV medido no presente trabalho (ver Fig. 70). Em tal situação, as distorções de VACs de sonda devem ser negligenciáveis [8]. Em geral, o $_{fp}$ depende do nível de $_{Pin}$ (nas nossas experiências, atingiu 200 W) e das propriedades materiais da ferrite. Por conseguinte, seria útil medir o $_{GRF}$ em experiências subsequentes. No entanto, o presente trabalho mostrou que as distorções do EEDF a partir de $_{fF}$ dificilmente podem depender do comprimento do escudo da sonda nua.

O presente trabalho será muito útil para todos os físicos envolvidos em estudos de plasma, especialmente aqueles que lidam com plasmas RF, porque o diagnóstico por sonda Langmuir é uma técnica muito importante nas medições de parâmetros de plasma. Os presentes resultados esclarecem que a melhor forma de fazer medições objectivas de parâmetros de plasma RF com sondas é utilizar escudos protectores revestidos com camadas dieléctricas para eliminar o fenómeno de sonda dupla de curto-circuito abordado neste trabalho. No caso de sondas com escudos de protecção nua, é benéfico seguir o método proposto no presente trabalho.

As medições da espessura da bainha da sonda são bastante importantes para dispositivos de plasma onde o diagnóstico local do plasma é necessário para a disposição do plasma ou processos plasmaquímicos ou processo de trabalho de fontes de iões ou propulsores. A inter-relação deste parâmetro com o raio da sonda pode ser relacionada com a teoria da sonda que é utilizada para a interpretação das medições das sondas. Quanto à determinação da massa média de iões, ela caracteriza o grau de pureza do propulsor ou a qualidade da estanqueidade da câmara de vácuo. Assim, estes parâmetros de plasma adicionais contêm informações bastante úteis para as aplicações de quaisquer dispositivos de plasma. Note-se que o plasma Maxwellian ou substâncias próximas dele são utilizadas em numerosos dispositivos tecnológicos ou propulsores, pelo que as aplicações adicionais aqui propostas das sondas Langmuir podem ser consideradas como bastante práticas.

As distribuições radiais apresentadas da densidade de corrente de iões para uma parede sob potencial flutuante *jfr)* prevêem a possível quantidade de retirada de iões pelo IEG do propulsor. Esta informação é importante para cálculos preliminares da geometria, formas e dimensões das células IEG em aceleração. Note-se que as medições acima descritas foram efectuadas a uma distância notável (36 mm) da localização do IEG. Nesta situação, surge uma questão: os seus resultados caracterizam o plasma em frente dos eléctrodos de IEG? A resposta a esta pergunta é positiva porque as nossas medições das distribuições longitudinais dos parâmetros de plasma de xenon neste dispositivo mostraram que entre o diagnóstico da sonda plana em *z=33* mm e a localização IEG em *z-69* mm, o plasma de xenon era praticamente uniforme (secção II.3.1).

Este resultado foi obtido sem os eléctrodos IEG porque no presente trabalho só foram estudados parâmetros físicos e a forma técnica da unidade de descarga de gás do RIT-10F. Em geral, as distribuições radiais assim obtidas da densidade de corrente iónica (Fig. 93) mostram que o actual modelo RIT-10F de desenho conveniente proporcionou um plasma bastante uniforme próximo do eléctrodo IEG de extracção com dispersão *jif* nos limites não superiores a ±20% e com uma eficiência energética bastante elevada até 0,88 que foram o resultado da geometria plana da bobina da antena e da utilização de um núcleo de ferrite. Como foi referido acima, estas características não representam o limite superior de uniformidade do plasma ao lado do eléctrodo IEG de extracção de iões, mas, no entanto, excedem notavelmente os parâmetros dos modelos RIT previamente testados [40] de modo que o aparelho aqui estudado pode ser considerado como uma perspectiva bastante positiva para RITs de nova geração.

Conclusões

1. O diagnóstico integral dos dispositivos ICP foi feito de forma mais profunda e eficaz em comparação com a técnica anterior semelhante. É por isso que esta proposta foi protegida pela patente [4], o que significa que esta decisão técnica excedeu o nível mundial.

2. Foram propostos três novos métodos de diagnóstico de sondas Langmuir, todos eles de importância prática: a) redução dos erros de medição causados pela influência do escudo protector da sonda nua no caso das sondas Langmuir fornecidas com tais escudos; b) medições da espessura da bainha da sonda e da massa média de iões nos plasmas Maxwellian; c) avaliação da densidade da corrente de iões para uma parede sob potencial flutuante, por exemplo para um eléctrodo extractor de iões de um propulsor/fonte de iões, utilizando um simulador de sonda plana móvel na extremidade de uma haste cerâmica.

3. As correcções propostas dos resultados de medição usando sondas com escudos de protecção nua foram realizadas para plasma xenon indutivo de baixa pressão (2 mTorr) e em P_{in}= 50-200 W usando a sonda cilíndrica reta radialmente móvel.

4. Na experiência especial com massa conhecida de iões xenon em P_{in}= 100-200 W, foi determinado o coeficiente Bohm *CbCyl=0,745* para uma sonda cilíndrica que é necessária para o diagnóstico da sonda em plasmas Maxwellian.

5. O plasma ao lado do referido simulador de sonda de parede plana revelou-se uma substância não Maxwelliana onde a densidade de corrente iónica para esta sonda sob um potencial flutuante só podia ser avaliada por extrapolações lineares de ramos iónicos de características de sonda semi ou duplo logarítmicas.

6. Os dados obtidos sobre as distribuições radiais da densidade de corrente de iões para o eléctrodo de extracção do modelo de propulsor de iões mostraram que este modelo de baixa relação de aspecto com bobina de antena planar reforçada por núcleo de ferrite deve ser considerado como uma perspectiva promissora para propulsores da próxima geração devido à concepção simplificada e compacta do modelo, à sua eficiência energética bastante elevada, e à sua distribuição de plasma radial razoavelmente uniforme que tem uma perspectiva de melhoria futura.

Referências

1. Piejak R.B., Godyak V.A., Alexandrovich B.M., A simple analysis of an Inductive RF discharge, Plasma Sourses Sciol. Technol., 1992, v.1, p.179-186.
2. Godyak V.A., Piejak R.B., Alexandrovich B.M., Electron energy distribution function measurements and plasma parameters in inductively coupled argon plasma, Plasma Sources Sciol. Technol., 2002, v.11, p.525-543.
3. Godyak V.A., Electrical and plasma parameters of ICP with high coupling efficiency, Plasma Sourses Sci. Technol., 2011, paper No. 025004 (7pp).
4. Riaby V.A., Godyak V.A., Obukhov V.A., Masherov P.E., Mogulkin A.I., Método de diagnóstico integral do dispositivo de descarga de gás indutivo RF, Patente Russa RU2601947, Cl. H05H 1/46, 26.03.2015.
5. Riaby V.A., Obukhov V.A., Kirpichnikov A.P., Masherov P.E., Mogulkin A.I., Integral diagnostics method for a radio-frequency inductively coupled plasma discharge unit of an RF ion thruster, Russian Aeronautics, 2015, No. 4, p. 448-453.
6. Godyak V.A., Crapuchettes C., Nagorny V., Inductive Plasma Source, PCT Patent Application WO 2011/022612 A2, Int. Cl. H05H 1/34, H05H 1/40, prioridade 21.08.2009, publicado em 24.02.2011.
7. Devoto R.S., Transport coefficients of partially ionized krypton and xenon, AIAA Journal, 1969, v. 7, No. 2, p. 199-204.
8. Godyak V.A., Demidov V.I., Sonda de medições de distribuições de energia electrónica em plasmas: o que podemos medir e como podemos alcançar resultados fiáveis? J. Phys. D. Appl. Phys., 2011, v. 44, papel No. 233001.
9. Sistema de Sonda VGPS: www.plasmasensors.com.
10. Riaby V.A., Obukhov V.A. e Masherov P.E., On the objectivity of plasma diagnostics using Langmuir probes, High Voltage Engineering, 2012, Suppl. v. 38, p. 790 (Proc. [19] Int. Conf. on Gas Discharges and their Applications, Pequim, China, Set. 2012).
11. Masherov P.E., Influência do tamanho relativo do primeiro suporte da sonda Langmuir cilíndrica nos resultados do diagnóstico de plasma local, Vestnik Moskovskogo aviatsionnogo instituta, 2016, v. 23, No. 2, p. 42-49.
12. Masherov P. E., Riaby V. A., Godyak V. A., Integral electrical characteristics and local plasma parameters of RF ion thruster, Rev. Sci. Instrum., 2016, v. 87, Paper No. 02B926.
13. Riaby V.A., Masherov P.E., Diagnóstico integral e local de modelo energético eficaz de uma fonte de feixe de iões RF, Proc. do Rus. Acad. of Sciencies. Power Engineering, 2016, No. 2, pp. 46-57.

14. Godyak V. A., Alexandrovich B. M., Kolobov V. I., Lorentz force effects on the electron energy distribution in inductively coupled plasmas, Phys. Rev. E, 2001, v. 64, Paper No. 026406.

15. Rousseau A., Teboul E., Lang N., Hannemann M., e Ropcke J., Langmuir probe diagnostic studies of pulsed hydrogen plasmas in planar microwave reactors, J. Appl. Phys., 2002, v. 92, No. 7, p. 3463-3471.

16. Masherov P. E., Riaby V. A., V. K.Abgaryan V.K., Nota: The expansion of possibilities for plasma probe diagnostics, Rev. Sci. Instrum., 2016, v. 87, Paper No. 056104.

17. Masherov P. E., Riaby V. A., Abgaryan V. K., Nota: Refined possibilities for plasma probe diagnostics, Rev. Sci. Instrum., 2016, v. 87, Paper No. 086106.

18. Vorobiov V.V., Kondakov M.I., Maliarov A.V., Martynova T.S., Riaby V.A., Savinov V.P., Sporykhin A.A., Yakunin V.G., Método de gravura química plasmática de compostos orgânicos de superfícies de bolachas semicondutoras, Certificado de Invenção 1429842, Int. Cl. H01L 21/306, 1986.

19. Boyarshinov Yu.A., Ermolova N.A., Maliarov A.V., Riaby V.A., Savinov V.P., Sporykhin A.A., Yakunin V.G. Reactor químico de plasma, Certificado de Invenção 1609392, Int. Cl. H01L 21/302, 1988.

20. Iermolova N.A., Maliarov A.V., Riaby V.A., Savinov V.P., Sporykhin A.A., Scheiko L.N., Yakunin V.G., Aspectos físicos da gravura seca plasmática-química de fotorresistências em reactores do tipo barril, Contr. Documentos do XX ICPIG (Il Ciocco, Itália, 1991) - Pisa: Felici Editore, 1991, v. 1, pp. 325-326.

21. Kireev V.Yu., Kovalevsky V.L., Riaby V.A., Savinov V.P., Sporykhin A.A., Yakunin V.G., Reactor químico de plasma do tipo barril, Rus. Patente RU2024990, Int. Cl. 5H01L 21/302, 1992.

22. Alexandrov A.F., Riaby V.A., Savinov V.P., Yakunin V.G., Electrophysical interaction of silicon wafers with glow discharge plasmas, Contr. Papéis XI Int. Conf. on Gas Discharges and their Applications (Tokyo, Japão, 1995).- Tokyo: 1995, Parte I, pp. 498-501.

23. Riaby V.A., Savinov V.P., Sporykhin A.A., Yakunin V.G., About experimental evaluation of electrostatic voltage arising on MOS-structures during plasma processing, FTIAS Labours, 1995, No. 10, pp. 150-157.

24. Riaby V.A., Savinov V.P., Sporykhin A.A., Yakunin V.G., Danos eléctricos de estruturas MOS: The most important factor of plasma degradation of microelectronic chips, Microelectronics, 1996, v. 25, No. 2, pp. 127-134.

25. Riaby V.A., Savinov V.P., Sporykhin A.A., Yakunin V.G., MOS-estrutura danos eléctricos é o factor mais importante de degradação do plasma dos chips microelectrónicos, Russian Microelectronics, 1996, v. 25, No. 2, pp. 45-52.

26. Alexandrov A.F., Riaby V.A., Savinov V.P., Yakunin V.G., Condução de wafer em plasma: Analógico de sonda dupla Langmuir em curto-circuito, Microelectronics, 2005, v.
34, No. 1, pp. 21-26.
27. Lee H.-J., Plaksin V.Yu., Riaby V.A., Medições dos potenciais eléctricos flutuantes num fluxo de plasma livre gerado por um plasmatron de arco DC, Proc. Int. Conf. on Advanced Technologies (Cheju, Rep. da Coreia, Dez. 2006)/- Cheju: Cheju Nat. Univ., 2006, pp. 11-20.
28. Bulaeva M.N., Kirpichnikov A.P., Kravchenko I.V., Loeb H.V., Masherov P.E., Riaby V.A., Tkachenko D.P., Increase of plasma diagnostics precision, Herald of Kazan Technological University, 2012, v. 15, No.18, pp. 69-73.
29. Masherov P.E., Obukhov V.A., Riaby V.A., Savinov V.P., Diminuição das perturbações do plasma causadas pelas sondas de Langmuir, Proc. 21 Intern. Symp. on Plasma Chemistry (Cairns, Austrália, Ago. 2013).- Cairns: Austr. Nat. Univ., 2013, relatório 410.
[www.ispc-conference.org/ispcproc/ispc21/ID410 .pdf].
30. Masherov P., Riaby V., Abgaryan V., Evaluation of ion current density distribution on an extraction electrode of a radio frequency ion thruster, Plasma Sources Sci. Technol., 2017, v. 26, Paper No. 015004.
31. Riaby V.A., Masherov P.E., Savinov V.P., Yakunin V.G., Um método de diagnóstico de plasma usando sondas Langmuir com cabos protegidos por escudos nus e um dispositivo para a sua realização, Pat. Aplic. n.º 2017139277, 13.11.2017.
32. Piejak R., Godyak V., Alexandrovich B., Tishchenko N., Surface temperature and thermal balance of probes immerersed in high density plasma, Plasma Sources Sci. Technol., 1998, v. 7, p. 590-598.
33. Bohm D., Características das descargas eléctricas em campos magnéticos. Ed. Por A. Guthrie & R. K. Wakerling, N.-Y.-Toronto-Londres: McGraw-Hill Book Co., Inc., Chs 1&2, 1 (1949).
34. Kozlov O. V., Sonda eléctrica em plasma, Moscovo: Atomizdat, 1969, p. 20-21.
35. Piejak R.B., Godyak V.A., Garner R., Alexandrovich B.M., The hairpin resonator: A plasma density measuring technique revisited, J. Appl. Phys., 2004, v. 95, No. 7, p. 3785- 3791.
36. Riaby V.A., Masherov P.E., Um método de diagnóstico local de plasmas Maxwellian usando uma única sonda Langmuir, Pat. Aplic. No. 2016143184, 03.11.2016. "Decisão positiva foi adoptada em 20.11.2017".
37. Nuhn B., Peter G., Comparação da avaliação clássica e numérica das características da sonda de Langmuir a baixas densidades de plasma - Proc. XIII

Int. Conf. on Phenomena in Ionized Gases, Contributed Papers (Berlim, Alemanha, 1977), 1977, v. 2, pp. 97-98.

38. Balashov V.V., Cherkasova M.V., Kruglov K.I., Kudriavtsev A.V., Masherov P.E., Mogulkin A.I., Obukhov V.A., Riaby V.A., Svotina V.V., Fonte de radiofrequência de um feixe de iões de xénon em forma de cunha de fraca expansão para remoção sem contacto de objectos de grandes dimensões, Rev. Sci. Instrum., 2017, v. 88, Paper No. 083304.

39. Masherov P. E., Piskunkov A. F., Riaby V. A., Um método de determinação da densidade da corrente iónica para uma parede em contacto com plasmas e um dispositivo para a sua realização, Pat. Aplic. No. 2016109229, 15.03.2016.

40. Goebel D. M. e Katz I., Fundamentals of electric propulsion: ion and Hall thrusters. NASA: Wiley, EUA, 2008.

yes
I want morebooks!

Buy your books fast and straightforward online - at one of world's fastest growing online book stores! Environmentally sound due to Print-on-Demand technologies.

Buy your books online at
www.morebooks.shop

Compre os seus livros mais rápido e diretamente na internet, em uma das livrarias on-line com o maior crescimento no mundo! Produção que protege o meio ambiente através das tecnologias de impressão sob demanda.

Compre os seus livros on-line em
www.morebooks.shop

info@omniscriptum.com
www.omniscriptum.com

Printed by Books on Demand GmbH, Norderstedt / Germany